高等职业教育创新创业系列教材

粤菜师傅 | 创业培训教材 | 以成果为导向的创业训练系统

粤菜创业10步法

陈宏 牛玉清 刘隽 编著

 南京大学出版社

图书在版编目（CIP）数据

粤菜创业10步法 / 陈宏，牛玉清，刘隽编著. -- 南京：南京大学出版社, 2020.1

ISBN 978-7-305-22842-1

Ⅰ.①粤… Ⅱ.①陈… ②牛… ③刘… Ⅲ.①粤菜 – 菜谱 Ⅳ.①TS972.182.65

中国版本图书馆CIP数据核字（2019）第297994号

高等职业教育创新创业系列教材

粤菜师傅 创业培训教材 以成果为导向的创业训练系统

粤菜创业10步法　陈宏　牛玉清　刘隽　编著

出 版 者	南京大学出版社
社　　址	南京市汉口路22号　　邮 编：210093
出 版 人	金鑫荣

书　　名	粤菜创业10步法
编　　著	陈宏　牛玉清　刘隽
责任编辑	巫闽花　尤佳
责任校对	王冠蕤　　　　　　编辑热线　025-83592315

照　　排	南京新华丰制版有限公司
印　　刷	南京凯德印刷有限公司
开　　本	889×1194　1/16　印张 8.25　字数 244千
版　　次	2020年1月第1版　2020年1月第1次印刷
ISBN	978-7-305-22842-1
定　　价	48.80元

网　　址	http://www.njupco.com
发行热线	025-83594756　83686452
电子邮箱	press@NjupCo.com
	sales@NjupCo.com（市场部）

粤菜师傅

小微创业也能打开一片天

民以食为天。

粤菜即广东菜，发源于中国岭南，主要由广府菜、潮汕菜、客家菜等多种地方区域特色风味组成。广府菜讲求鲜而不俗，嫩而不生，清而不淡，油而不腻，主要分布在珠江三角洲、粤西等地。潮汕菜，以烹饪海鲜见长，特别是潮州菜做工精细，口味绵长。客家菜源于广东东江、兴梅地区，以砂锅菜见长，讲究香浓，有独特的客家乡土风味。

源于岭南、贯通中西、与时俱进、推陈创新的粤菜，以其别具一格的菜品风味和视觉呈现，成为中国最具代表性和影响力的饮食文化之一。

在广东，从南到北、从东到西、从城市到乡村，粤菜都有着广泛而庞大的消费群体，粤菜创业具备得天独厚的条件和优势。"粤菜师傅"创业分为城市和乡村两大类：城市粤菜创业以小餐馆、大排档为主，乡村粤菜创业主要发展"以旅游振兴乡村"的农家乐等餐饮经营。当今时代，乡村振兴已成为国策，掀起返乡创业的热潮，如果能与粤菜餐饮完好结合，将使其焕发绚烂的光彩。

为帮助"粤菜师傅"提升创业能力，在广州市人力资源和社会保障局的部署指导下，广州市职业能力培训指导中心与广东岭南职业技术学院合作，开发"粤菜师傅"创业培训课程，以《粤菜创业10步法》为教材，专门为粤菜创业开店打造情景式、可视化餐饮特色培训模式，直接呈现粤菜小微创业开店情景，重实操、快落地。

掌握《粤菜创业10步法》，小微创业也能打开一片天！

广州市职业能力培训指导中心

2019 年 12 月于广州

粤菜师傅

【陈宏】连锁企业核动能理论创建者、连锁品牌与营销实战型专家、连锁门店选址专家、企业内训导师、广州采纳企业管理顾问有限公司首席咨询师、广东岭南职业技术学院首席创新创业教育指导教师。特别擅长运用以小搏大的差异化策略，将"核动能"理论运用于企业经营管理和品牌管理中，并通过系列的企业内训解决人与事的配合问题，其核心特色课程有《实体经营》《连锁经营实战》《新思维与新营销》《创新创业特训营》。陈宏老师编著有普通高校情景式可视化创业特色教材《实体经营》《创新思维与创业基础》《创新创业基础》《创业技能训练》《创业综合管理》《创业经营实战》《创新创业10步法》，主编有创新创业知识工具书《创业综合词典汇》。

【牛玉清】副教授，广东岭南职业技术学院就业与创业处处长，创业咨询师、中级经济师、经济学硕士。创新创业课程导师，参与编著《创业经营实战》，参与各类课题研究20余项，发表专业论文10多篇。熟悉高职教育特点，注重学生创业技能训练与培养。在广东岭南职业技术学院教学科研改革方面尝试创新，制定相关专业规范与专业课程规范，积极参与中国连锁经营协会、广东省连锁经营协会各类校企合作、产教融合平台建设等，对零售行业企业发展有独到见解。

【刘隽】广东岭南职业技术学院管理工程学院管理学、创新创业专任教师，SYB创业培训讲师，心理学硕士，国家三级心理咨询师，中小学B级心理咨询师。广州采纳企业管理顾问有限公司合伙人，创新创业课程核心讲师，参与编著创业教材《创业技能训练》《创业综合管理》等，参与主编创业知识工具书《创业综合词典汇》。曾任职于深圳外企咨询顾问公司，担任格力、华为、凌达等项目业务顾问。

目　录
CONTENTS

粤菜师傅 金种子创业打磨路径图

特别推荐：本书图文并茂、多情景呈现，同时兼顾游戏线索互动与学习引导，既适合具备餐饮专长的创业者学习借鉴，也可作为粤菜餐饮爱好者与各类小微投资创业者的入门指引，更是职业院校与技校学生进行餐饮创业尝试的培训教材。

粤菜师傅创业项目紧密围绕餐饮创业过程中的关键步骤，如"创业定位 → 目标顾客选择 → 经营菜品设计 → 成本与定价 → 形成良性竞争 → 有效传播 → 品牌效应 → 获取经营收益"等，引导大家一起学习和探索粤菜餐饮创业的方法、技巧，打磨出一条粤菜师傅金种子创业成功路径。

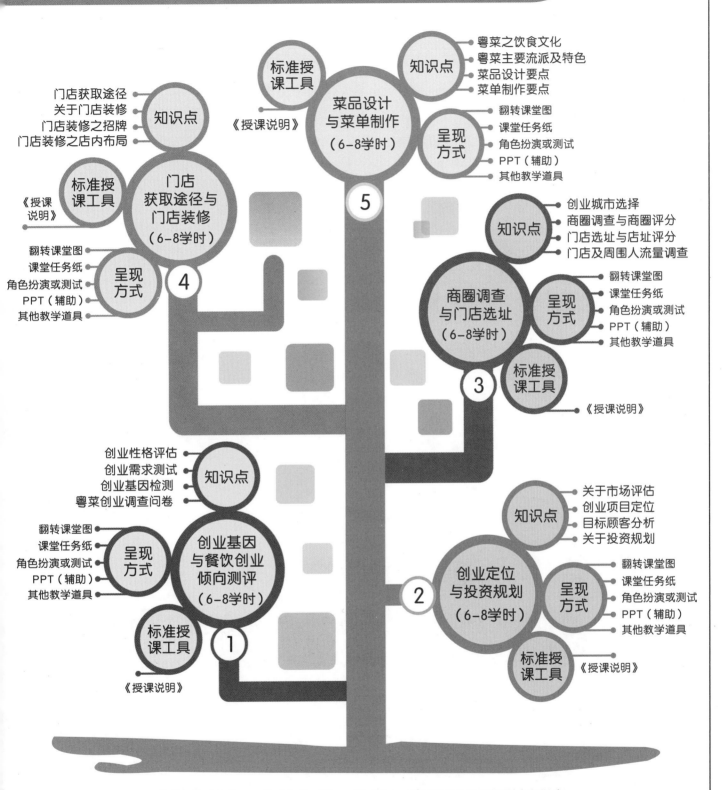

《粤菜创业10步法》第一阶段：粤菜创业预测与准备

1—5步情景式可视化训练　30—40学时（每个学时45分钟）

粤菜创业第一步：创业基因与餐饮创业倾向测评（6—8学时）；粤菜创业第二步：创业项目定位与投资规划（6—8学时）；粤菜创业第三步：商圈调查与门店选址（6—8学时）；粤菜创业第四步：门店获取途径与门店装修（6—8学时）；粤菜创业第五步：菜品设计与菜单制作（6—8学时）。本思维导图供老师备课参考和学员预习使用。

粤菜创业第一步

创业基因与餐饮创业倾向测评

6—8学时

粤菜创业第一步
创业基因与餐饮创业倾向测评

■ 一、创业者性格特质评估（在你认为适合的□内打"√"）

■ 第一类：分析型、思想型、逻辑型、情感内向型

最开心的事	□ 事情按自己掌握的规律完成	最喜欢的事	□ 找到事件背后的规律
最希望的事	□ 准确；有条理	面对压力可能会	□ 慢半拍；犹豫不决
最不能忍受的事	□ 杂乱无章；没有独立空间	最希望别人	□ 按规则办事；做好细节
最大的动力	□ 追求完美	最害怕的事	□ 被批评；成就被否定
最需要的外援	□ 需要有激情的人来调节生活气氛；需要善于执行的人按其规定完成工作		

■ 第二类：配合型、稳健型、忍耐型、行为内向型

最开心的事	□ 行动或观点获得一致性	最喜欢的事	□ 能按部就班；工作帮助到别人
最希望的事	□ 稳定；不发生突变；有时间考虑	面对压力可能会	□ 无所适从；听命于人
最不能忍受的事	□ 急促；不断更改；意见不一	最希望别人	□ 按规则办事；提供保障
最大的动力	□ 按经验做事获得肯定；帮助他人	最害怕的事	□ 失去保障；没有安全感
最需要的外援	□ 有一个很果断忠诚的朋友，在自己困扰时帮忙出主意；突发危机时有作风凌厉的人协助、激励		

■ 第三类：社交型、互动型、活力型、情感外向型

最开心的事	□ 和别人分享成功	最喜欢的事	□ 追求互动；拥有五湖四海的朋友
最希望的事	□ 得到公众认同	面对压力可能会	□ 情绪激动
最不能忍受的事	□ 受欺骗；被孤立	最希望别人	□ 讲信用；重关系；给予声望
最大的动力	□ 社会认同；对快乐的分享	最害怕的事	□ 被别人否定；死板没变化的事情
最需要的外援	□ 有人协助规划目标并监督执行；让自己有毅力的人		

■ 第四类：指挥型、力量型、主导型、行为外向型

最开心的事	□ 实现目标；打败对手	最喜欢的事	□ 组织；发号施令；寻求机会
最希望的事	□ 获得机会；改变；打破常规	面对压力可能会	□ 粗鲁；没耐心
最不能忍受的事	□ 太多限制	最希望别人	□ 回答直接；重视结果
最大的动力	□ 挑战；成功的欲望；目标成果	最害怕的事	□ 被打败；被别人利用
最需要的外援	□ 一批善于执行的追随者；善于系统规划的策略管理参谋者		

粤菜创业第一步
创业基因与餐饮创业倾向测评

评估：自己的性格适合创业吗？

| 自 评 | 他 评 |

■ 二、创业种子需求测试 （在以下第一至第八项中，在每项每小题最适合你的□中打"√"。）

第一项

01. 我满脑子创业并有所行动。	A 完全吻合 / B 部分吻合 / C 完全不吻合
02. 我比较会理财并让钱生钱。	A 完全吻合 / B 部分吻合 / C 完全不吻合
03. 我比其他的朋友或同学收入都高。	A 完全吻合 / B 部分吻合 / C 完全不吻合
04. 我对未来的事情发展分析非常准。	A 完全吻合 / B 部分吻合 / C 完全不吻合

第二项

05. 我吃饭非常在意营养，且从不多吃。	A 完全吻合 / B 部分吻合 / C 完全不吻合
06. 我每天睡眠时间不少于7小时。	A 完全吻合 / B 部分吻合 / C 完全不吻合
07. 我每周都运动不少于2小时。	A 完全吻合 / B 部分吻合 / C 完全不吻合
08. 我可以为了身体原因停下工作。	A 完全吻合 / B 部分吻合 / C 完全不吻合

第三项

09. 我没有手机简直没法生活。	A 完全吻合 / B 部分吻合 / C 完全不吻合
10. 我用过很多时尚品牌。	A 完全吻合 / B 部分吻合 / C 完全不吻合
11. 我经常参加娱乐活动。	A 完全吻合 / B 部分吻合 / C 完全不吻合
12. 我对度假和玩有兴趣。	A 完全吻合 / B 部分吻合 / C 完全不吻合

第四项

13. 我想要更多压力，只要事业能更好。	A 完全吻合 / B 部分吻合 / C 完全不吻合
14. 我一生都不准备停止工作。	A 完全吻合 / B 部分吻合 / C 完全不吻合
15. 我常常为公司发展写出报告或文字。	A 完全吻合 / B 部分吻合 / C 完全不吻合
16. 我经常说出我对公司发展的看法。	A 完全吻合 / B 部分吻合 / C 完全不吻合

第五项

17. 我与别人谈话是为了影响别人。 | A 完全吻合 | B 部分吻合 | C 完全不吻合
18. 我能控制混乱的局面。 | A 完全吻合 | B 部分吻合 | C 完全不吻合
19. 我想管人，让下级为此得到快乐。 | A 完全吻合 | B 部分吻合 | C 完全不吻合
20. 我能处理好分配，让下级没有怨言。 | A 完全吻合 | B 部分吻合 | C 完全不吻合

第六项

21. 我有特别的创意并尝试取得效果。 | A 完全吻合 | B 部分吻合 | C 完全不吻合
22. 我有专利或专利级的产品或技术。 | A 完全吻合 | B 部分吻合 | C 完全不吻合
23. 我学习力强，且精通于某个方面。 | A 完全吻合 | B 部分吻合 | C 完全不吻合
24. 我爱看科普类文章和栏目。 | A 完全吻合 | B 部分吻合 | C 完全不吻合

第七项

25. 我认为家是第一位的。 | A 完全吻合 | B 部分吻合 | C 完全不吻合
26. 我为了爱人失去了很多。 | A 完全吻合 | B 部分吻合 | C 完全不吻合
27. 我会因感情放弃工作或生活的城市。 | A 完全吻合 | B 部分吻合 | C 完全不吻合
28. 对我来说，爱情的激励作用非常大。 | A 完全吻合 | B 部分吻合 | C 完全不吻合

第八项

29. 我认为我的身后有追随者。 | A 完全吻合 | B 部分吻合 | C 完全不吻合
30. 我认为我很有品位且从不说脏话。 | A 完全吻合 | B 部分吻合 | C 完全不吻合
31. 荣誉是我的一切，我为此不断奋斗。 | A 完全吻合 | B 部分吻合 | C 完全不吻合
32. 我出席各种名流活动。 | A 完全吻合 | B 部分吻合 | C 完全不吻合

计算得分（选 A 得 2 分，选 B 得 1 分，选 C 得 0 分）

第一项（01-04 题）财富（对应金钱）得分：
第二项（05-08 题）健康（对应安全）得分：
第三项（09-12 题）享受（对应自由）得分：
第四项（ 13-16 题）工作（对应机会）得分：
第五项（17-20 题）权力（对应位置）得分：
第六项（21-24 题）创新（对应殊情）得分：
第七项（25-28 题）情感（对应恩德）得分：
第八项（29-32 题）尊重（对应荣誉）得分：

甲 = 第一项 + 第四项 + 第五项 + 第八项 =
乙 = 第二项 + 第三项 + 第六项 + 第七项 =
丙 = 甲+乙 =
丁 = 甲-乙 =

1. 单项达到5分及以上，为需关注和重点满足的需求。
2. 丙 < 17分，为全防守型，没有进攻性。
3. 17分 ≤ 丙 < 32分，
   为消极面思考型，即先想坏的，再想好的。
4. 32分 ≤ 丙 < 45分，
   为积极面思考型，即凡事习惯先往好的方面想。
5. 丙 ≥ 45分，为全进攻型，只有进攻，没有防守。
6. 丁 ≥ 2，体察能力较好，能感受到别人在想什么，
分数越大这方面能力越强。
7. 丁为负数，为自我思考型，以自己思路和原则为主，
负值越大，越不易受别人干扰。
8. 丁为 0，临界值，条件适合，正和负均可转换。

三、情绪与性格演变对创业的影响（在你喜欢的动物□内打"√"，最多6个。）

（温馨提示：根据问题，用手机自查资料或案例，翻转课堂。此部分为加测内容，非必测内容。）

  □ 蚂蚁　　 □ 猎狐犬　　 □ 金毛犬　　 □ 波斯猫　　 □ 鹰

 □ 孔雀　　 □ 黑马　　 □ 卷毛犬　　 □ 猫头鹰　　 □ 狐狸

 □ 羚羊　　 □ 兔子　　 □ 蝴蝶　　 □ 猴子　　 □ 海豚

 □ 老虎　　 □ 犀牛　　 □ 大象

评估：情绪与性格对创业的影响

（温馨提示：将所选动物的特点和自己情绪演变特点相结合。）

| 自　评 | 他　评 |

四、创业者性格类型与转换图

⑨ 和平型 生命中最大的挑战：随波逐流
HePing 和事佬 成熟时/顺境时（如海豚）：爱好和平
未成熟/逆境时（如大象）：得过且过

⑧ 领袖型
LingXiu 指导者
生命中最大的挑战：控制欲过强

成熟时/顺境时（如老虎）：天生领袖
未成熟/逆境时（如犀牛）：霸道

❶ 完美型
WanMei 改革者
生命中最大的挑战：总是执着于对与错

成熟时/顺境时（如蚂蚁）：做足100分
未成熟/逆境时（如猎狐犬）：挑剔，愤世嫉俗

⑦ 活跃型
HuoYue 多面手
生命中最大的挑战：
太过于自我，没有深度

成熟时/顺境时
（如蝴蝶）：热爱生命

未成熟/逆境时
（如猴子）：
不能脚踏实地

❷ 助人型
ZhuRen 帮助者 生命中最大的挑战：用自己的爱去换取别人接受自己

成熟时/顺境时
（如金毛犬）：
慷慨，为他人着想

未成熟/逆境时
（如波斯猫）：
认为自己不能被取代

 身体中心

思维中心 感觉中心

⑥ 忠诚型
ZhongCheng 追随者
生命中最大的挑战：
猜疑，畏首畏尾

成熟时/顺境时（如羚羊）：
抱中守一，忠心耿耿

未成熟/逆境时（如兔子）：
忧虑，惊惧

❸ 成就型
ChengJiu 促成者

生命中最大的挑战：拼命去找成就感

成熟时/顺境时（如鹰）：
有干劲

未成熟/逆境时（如孔雀）：
操纵性强，容易在物质
世界迷失自己

⑤ 思考型 SiKao
思想家、哲学家

生命中最大的
挑战：空想，
不能付诸行动

❹ 感觉型
GanJue
艺术家、创意者

成熟时/顺境时是
（如黑马）：
见解独特，有创意

未成熟/逆境时是
（如卷毛犬）：
情绪化

成熟时/顺境时（如猫头鹰）：
有深度，分析能力强

未成熟/逆境时（如狐狸）：
贪婪，不知足

五、创业基因检测

（一）创业基因之个人创新能力检测

个人创新能力检测得分合计

（请在以下1—20题中，在每题A、B、C中选择适合的打"√"。）

序号	测 试 题	A 完全吻合 （3分）	B 部分吻合 （1.5分）	C 全不吻合 （0分）	序号	测 试 题	A 完全吻合 （3分）	B 部分吻合 （1.5分）	C 全不吻合 （0分）
01	即使是十分熟悉的事物，我也常换不同的角度去看。				11	突破固化的理念、体制和方法才能建立更好的模式。			
02	我评价资料的标准首先是内容，而不是来自哪里。				12	做我喜欢和热爱做的事，报酬从来不是第一位的。			
03	工作中遇到困难和挫折也不会使我退缩和放弃。				13	我对工作充满热情，当一项任务完成后常有兴奋感。			
04	我会做些自寻烦恼的事情。				14	我认为按部就班不是解决问题最正确的方法。			
05	我不在意别人怎么评价自己。				15	一个人可以走得更快，但一群人可以走得更远。			
06	我最愉快的事情是对某个问题深思熟虑、精准推敲。				16	做我认为正确的事时，即使大多数人反对，也会坚持。			
07	我专注工作时，常常忘记时间。				17	对我而言，懂得舍弃比不断获取更重要。			
08	我认为灵感有时能揭开成功的序幕。				18	为什么要做比做了什么重要得多。			
09	我常对新事物感到好奇，一旦产生兴趣就很难放弃。				19	我觉得自己还有很大潜力没有挖掘。			
10	我遇到问题常从多方面探讨解决路径，而不是拘于一条路。				20	无论是成功还是失败，我都善于发现问题，吸取经验和教训。			

（二）创业基因之个人创意能力检测

个人创意能力检测得分合计

（请在以下1—8题中，在每题A、B、C中选择适合的打"√"。）

序号	测 试 题	A 完全吻合 （2分）	B 部分吻合 （1分）	C 全不吻合 （0分）	序号	测 试 题	A 完全吻合 （2分）	B 部分吻合 （1分）	C 全不吻合 （0分）
01	我有与众不同的想法并尝试取得效果。				05	我钻研能力很强，并且非常喜欢研究新事物。			
02	我有发明专利或独特的产品，也是业内专业人士。				06	我不太在意获取多少报酬，重要的是兴趣和爱好。			
03	我学习力非常强，并且精通于某个方面。				07	我有思考的习惯，经常沉浸于思考状态。			
04	我爱看科普文章和科普栏目，喜欢探索为什么。				08	我对事物的想象力和逻辑推理能力都很强。			

■ （三）创业基因之个人执行力检测

个人创新能力检测得分合计

（请在以下1—12题中，在每题A、B、C中选择适合的打"√"。）

序号	测试题	A 完全吻合（2分）	B 部分吻合（1分）	C 全不吻合（0分）
01	我的时间管理能力很强，效率很高，成果丰硕。			
02	我实现目标的能力很强，给我的任务100%能完成。			
03	我做每件事之前，无论事情大小都会做计划。			
04	我能100%解决工作中遇到的问题和困难。			
05	我曾带领过200人以上的团队。			
06	我在工作中遇到问题时，能迅速拿出解决的方案。			

序号	测试题	A 完全吻合（2分）	B 部分吻合（1分）	C 全不吻合（0分）
07	我开会时从来不看手机。			
08	我从来没在任何人面前流露出自己的负面情绪。			
09	我能长期坚持每天5小时以上专注做方案。			
10	我会从多个角度来看问题，而不是只看一面。			
11	工作中，我经常会发现别人发现不了的重要细节。			
12	我想要更大的压力，只要能工作得更好。			

创业基因检测得分 ＝ 个人创新能力（　　）分 ＋ 个人创意能力（　　）分 ＋ 个人执行力（　　）分 ＝ （　　）分 百分制

个人创业基因评估

自评

他评

粤菜创业第一步
创业基因与餐饮创业倾向测评

六、创业意愿测试

姓 名			曾从事过的行业和职业描述	
性 别		年 龄		

（请在以下每行表格中选择一个最符合自身情况的选项，并在□内打"√"。）

问题 认同度	完全不同意	比较不同意	稍微不同意	不好判断	稍微同意	比较同意	完全同意
1、我的职业发展目标是成为企业家							
2、我会尽一切努力去创办自己的企业							
3、我认真考虑过创业的事情							
4、我决定将来要自己创业							
5、我已做好成为创业者的所有准备							
6、我坚信自己一定能创业成功							

七、粤菜创业调查问卷

（以下各题，请在你认为适合的选项中打"√"，可单选也可多选，但不可矛盾；需要填写的地方，请填写完整。）

1. 您喜欢哪种菜系？

（1）鲁菜　　（2）川菜　　（3）淮扬菜　　（4）粤菜　　（5）湘菜　　（6）徽菜　　（7）闽菜　　（8）豫菜　　（9）东北菜

（10）都不喜欢　　（11）其他（具体请填写）_____

2. 您喜欢哪种粤菜？

（1）广州菜（广府菜）　　（2）潮汕菜　　（3）客家菜　　（4）还没吃过　　（5）都不喜欢　　（6）无所谓，没有喜欢和不喜欢

（7）其他（具体请填写）_____

3. 您在哪些地方吃过粤菜？

（1）广州　（2）佛山　（3）肇庆　（4）清远　（5）云浮　（6）韶关　（7）深圳　（8）东莞　（9）惠州　（10）汕尾

（11）河源　（12）珠海　（13）中山　（14）江门　（15）阳江　（16）茂名　（17）湛江　（18）揭阳　（19）汕头　（20）潮州

（21）梅州　（22）以上都没去过　（23）其他（具体请填写）_____

4. 如果有机会，您打算在哪里进行粤菜创业？

（1）想进行粤菜创业的具体城市，理由_____

（2）想创业但不打算做餐饮，理由_____　　　　　　　　　　　（3）不想创业

5. 您选择一家就餐的餐馆时，有哪些主要考虑因素？

（1）口味 （2）环境 （3）服务 （4）价格 （5）以上都不是 （6）其他（具体请填写）_____

6. 您一般会选择怎样的就餐场所吃粤菜？

（1）大型酒楼 （2）私房菜馆 （3）一般餐馆 （4）小店 （5）大排档 （6）农家乐 （7）以上都不是
（8）其他（具体请填写）_____

7. 如果您有机会进行粤菜创业，您打算开一家什么类型的店？

（1）大型酒楼 （2）私房菜馆 （3）一般餐馆 （4）小店 （5）大排档 （6）农家乐 （7）以上都不是
（8）不打算做粤菜创业 （9）现在不想创业 （10）其他（具体请填写）_____

8. 如果您有机会粤菜创业，您打算投资多少钱？

（1）低于5万人民币 （2）5万—10万人民币 （3）10万—15万人民币 （4）15万—20万人民币 （5）20万—25万人民币
（6）25万—30万人民币 （7）30万—35万人民币 （8）35万—40万人民币 （9）40万—45万人民币 （10）45万—50万人民币
（11）其他（具体请填写）_____

9. 如果您有机会粤菜创业，您如何解决人员的问题？

（1）自己和家人一同经营 （2）自己全资，经营和管理职位招聘人 （3）与人合伙，自己做大股东 （4）与人合伙，自己做小股东
（5）其他（具体请填写）_____

10. 如果您有机会进行粤菜创业，您需要哪些帮助？

（1）粤菜菜品制作培训与指导 （2）粤菜门店选址培训与指导 （3）粤菜门店装修培训与指导 （4）门店开业培训与指导
（5）粤菜门店办理餐饮证照培训与指导 （6）粤菜门店人员招聘培训与指导 （7）粤菜门店经营与管理培训与指导
（8）粤菜门店如何提升业绩培训与指导 （9）其他（具体请填写）_____

粤菜创业调查情况评估

自 评	他 评

八、创业技能与团队意识

T型与创业技能和创业团队存在一定的内在关联，通过四巧板道具，用游戏的方式去玩转创新思维，可以对创业技能和创业团队有一个形象生动的认识。

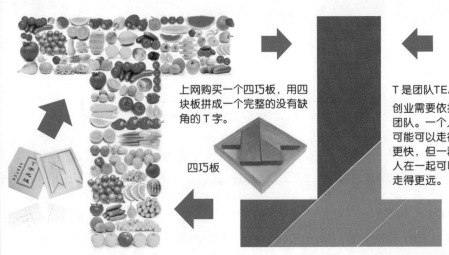

上网购买一个四巧板，用四块板拼成一个完整的没有缺角的T字。

四巧板

T是团队TEAM的第一个字母。

创业需要依托团队。一个人可能可以走得更快，但一群人在一起可以走得更远。

四巧板

每个人都是不完美的，但是可以被补充。T型的横代表着团队协作和开放，横的部分做得好，团队可以在良性循环的基础上不断扩大。T型的纵代表团队在专业方面的研究深度。

1　2　3　4

1　2　3　4

（请把标号1、2、3、4的模块放入左边的虚框中，组成一个没有缺角的完整的T型。）

餐饮管理的6T法则

1.天天处理	2.天天整理	3.天天清扫
界定必要与不必要，工作现场只保留必要的东西。	将必要的东西归类收放整齐，养成物归原位的习惯。	维持工作场所无垃圾、无油污、无剥落的状态。
4.天天规范	5.天天检查	6.天天改进
将前3T实施成果制度化、规范化，建立激励制度。	交叉管理，明确责任。持续、自律地执行规范标准。	自我突破与追求卓越，提升自我品质与效率。

T型与创业技能

多才多艺

广泛而融合的基础知识

专业深入的技术技能

精确娴熟的　实际经验

九、团队成员就业倾向与创业倾向评估

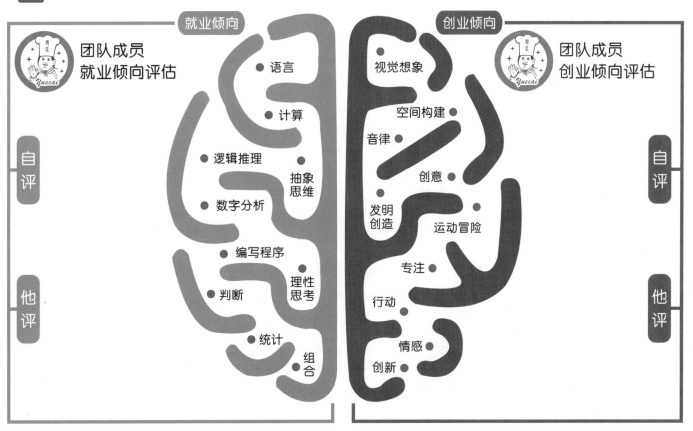

就业倾向

团队成员
就业倾向评估

自评

他评

语言
计算
逻辑推理
抽象思维
数字分析
编写程序
理性思考
判断
统计
组合

创业倾向

团队成员
创业倾向评估

自评

他评

视觉想象
空间构建
音律
创意
发明创造
运动冒险
专注
行动
情感
创新

十、团队创业共识度评估 （请在以下1—10题中，在每题A、B、C中选择适合的打"√"。）

序号	测 试 题	A 团队成员全部认同 （10分）	B 有些认同有些不认同 （5分）	C 团队成员全部不认同 （0分）
01	机会自己找，不要只等待。			
02	与大事业为伍，小工作徒使格局狭隘。			
03	做事自动自发，工作抢先抢先再抢先。			
04	价值越大，挑战越大。			
05	凡杀不死我的，必能使我强大！			

序号	测 试 题	A 团队成员全部认同 （10分）	B 有些认同有些不认同 （5分）	C 团队成员全部不认同 （0分）
06	目标刻在坚石上，方法写在沙滩上。			
07	热爱的力量，是战无不胜的！			
08	生气不如争气，强者自己证明自己。			
09	如果觉得过去成绩了不起，那么今天一定做得不够好。			
10	强者一定要淘汰弱者，否则弱者就会反过来淘汰强者。			

粤菜创业第二步

创业项目定位与投资规划

6—8学时

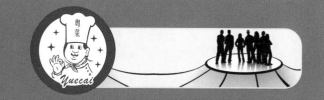

一、创业项目定位

（温馨提示：根据问题，用手机自查资料或案例，翻转课堂。）

（一）创业项目定位的 **5** 个评估要素

1. 市场需求是否足够大？

市场需求是否足够大，即项目是否有广阔的市场空间，市场需求量直接影响到市场容量。

2. 消费者有多大的购买或使用欲望？

评估产品或服务是否能吸引消费者，以及能够激发消费者多大的购买欲望？

3. 消费者的购买能力有多强？

消费者的购买能力主要指经济承受力，购买能力直接影响客单价和消费总金额。

4. 产品的成本结构是否有竞争力？

从物料与人工成本比重、变动成本与固定成本比重，可以判断附加价值大小及可能的获利空间。

经营三件事
○…… 卖什么？（产品模式）
○…… 怎么卖？（销售模式）
○…… 怎么算？（利润模式）

我的目标是什么？达成目标需要有哪些资源？
我已有哪些资源？我还缺哪些资源？
缺的资源在谁手上？别人凭什么给我？

整合资源六问

5. 项目操盘者有什么样的经营能力和资源整合能力？

项目操盘者的经营能力和资源整合能力是进行创业项目定位和创业项目能否成功的关键要素。别人能做的项目不代表你能做，你能做的项目不代表别人能做，能将自己意愿和能力匹配的才是适合你的。

创业项目定位要素评估

自评	他评

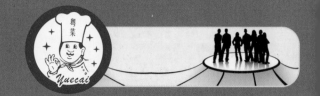

■（二）粤菜创业项目定位要先解决的 **3** 个问题

（温馨提示：根据问题，用手机自查资料或案例，翻转课堂。）

1. 你经营的项目产品是什么？卖点或特色是什么？

自评 　　　　他评

2. 哪些人最愿意为你的项目和产品买单？

自评 　　　　他评

3. 你的项目和产品最有价值的地方是什么？

菜品／品质　　品牌　　环境　　服务　　价钱　　性价比

自评 　　　　他评

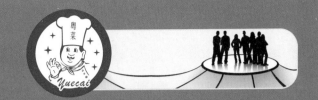

■（三）定位是对顾客、消费者、用户、客户偏好的争抢

（温馨提示：根据问题，用手机自查资料或案例，翻转课堂。）

1. 顾客、消费者、用户、客户的属性偏好

属性偏好的定位类型

属性偏好

- 目标人群定位
- 档次定位
- 口味定位或功效定位
- 菜品定位（品质定位）
- 性价比定位
- 价格定位

……

价格	价格就是站在商家的角度给产品的一个货币表现，即定价。
价值	价值就是站在顾客、消费者、用户或客户的角度，给产品的一个货币评价，即值多少钱。

- 价格等于价值：产品能卖但不理想
- 价值远大于价格：产品畅销
- 价格远大于价值：产品滞销

自评	他评

2. 顾客、消费者、用户、客户的态度偏好

短期的态度偏好定位可以有多个面进行替换。

情感
- 感性
- 文化
- 品牌
- 观念
- 依赖
- 情绪

短期态度偏好评估

长期态度偏好评估

长期的态度偏好定位常常只有一个，一旦确定就很少更改。

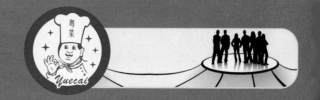
■（四）粤菜创业项目定位的本质

（温馨提示：根据问题，用手机自查资料或案例，翻转课堂。）

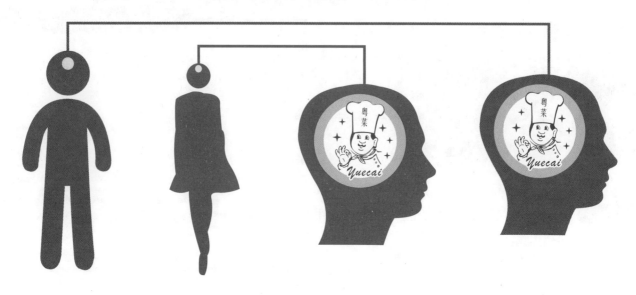

定位的本质不是你在工商局完成注册，而是你在顾客、消费者、用户、客户的心智中完成注册，抢占顾客、消费者、用户、客户的心智资源。

粤菜创业项目和产品在目标人群心智中占了一个怎样的位置？

自评　　　他评

用一句话描述粤菜创业项目定位

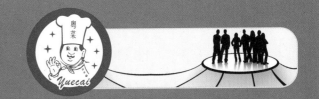

■（五）定位是粤菜创业项目打磨的入口
（温馨提示：根据问题，用手机自查资料或案例，翻转课堂。）

抢占消费者心智思维的定位模式适合有限改进型产品和"轻决策型"产品。

有限改进型产品，如可乐、纯净水、餐饮等以品牌、情感所驱动的产品。

"轻决策型"产品是指消费频次高，消费者不用费劲思考如何决策，花几分钟即可决策，即使决策错了，损失也不会很大的产品。代表行业如打车、低端餐饮、饮料、洗发水、水果等。

创业定位 → 目标顾客 → 菜品设计 → 成本与定价 ← 良性竞争 ← 有效传播 ← 品牌效应 ← 经营收益 ← 创业定位

为什么说定位是粤菜创业项目打磨的入口？

| 自评 | 他评 |

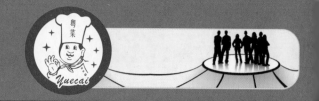

■ 二、目标顾客

■ （一）顾客、消费者、用户、客户概念辨析

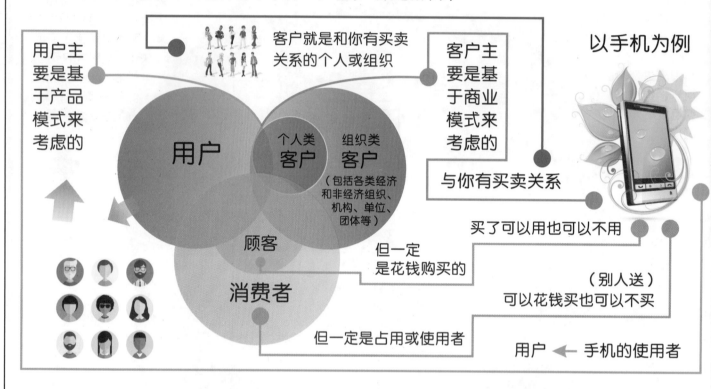

用户主要是基于产品模式来考虑的

客户就是和你有买卖关系的个人或组织

客户主要是基于商业模式来考虑的

以手机为例

用户

个人类 客户 组织类 客户
（包括各类经济和非经济组织、机构、单位、团体等）

顾客

消费者

与你有买卖关系

但一定是花钱购买的

买了可以用也可以不用

（别人送）可以花钱买也可以不买

但一定是占用或使用者

用户 ← 手机的使用者

■ （二）角色与称谓使用

"顾客"称谓

实体门店经营者常使用"顾客"称谓。

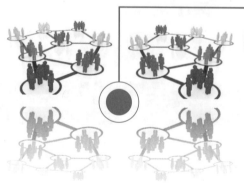

"消费者"称谓

市场研究者常使用"消费者"称谓。

"用户"称谓

产品经理或产品开发者常使用"用户"称谓。

"客户"称谓

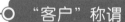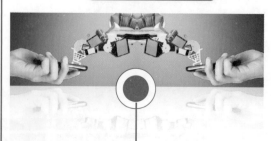

为各类组织服务的企业、机构、商超团购部或保险、电商、微商等从业者，常使用"客户"称谓。

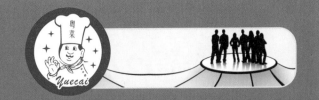
■（三）粤菜创业的目标人群是顾客、消费者、用户还是客户？

（温馨提示：根据问题，用手机自查资料或案例，翻转课堂。）

自　评

他　评

● 讲述一个与伙伴去吃粤菜的故事，如何区分是顾客、消费者、用户还是客户？

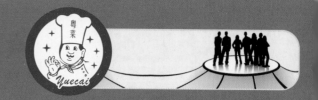

■（四）如何分析目标顾客？

（温馨提示：根据问题，用手机自查资料或案例，翻转课堂。）

1. 目标顾客分析思路 A

从4P循环中去找目标顾客

从商圈和行业中去寻找目标顾客

从4P入手如何分析和寻找目标顾客？

自 评	他 评

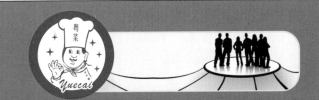

2. 目标顾客分析思路 B

M A N

 **Need 需求**　　 **Action 行动**　　 **Money 钱**

从 MAN 入手如何分析和寻找目标顾客?

3. 目标顾客分析思路 C　（请按以下5个要素给自己的餐饮项目打分，并判断多少分才能吸引自己的目标顾客。）

口 味	环 境	服 务	价 格	位 置
地不地道?	优不优雅?	贴不贴心?	划不划算?	便不便利?
评分：0-20分	评分：0-20分	评分：0-20分	评分：0-20分	评分：0-20分

自评　　　　他评

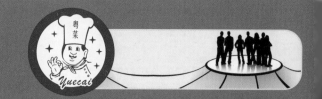

粤菜创业第二步
创业项目定位与投资规划

■ 三、投资规划

（温馨提示：根据问题，用手机自查资料或案例，翻转课堂。）

■（一）中式餐饮投资的几种类型

（1）小型餐馆
经营场所使用面积≤150㎡，就餐座位数≤75；

（2）中型餐馆
经营场所使用面积>150㎡，≤500㎡，就餐座位数>75，≤250；

（3）大型餐馆
经营场所使用面积>500㎡，≤3000㎡，就餐座位数>250，≤1000；

（4）特大型餐馆
经营场所使用面积>3000㎡，就餐座位数>1000。

1. 中式餐馆

以中式饭菜为主要经营项目，包括酒家、酒楼、酒店、饭庄、火锅店等。

2. 快餐店
● 快速提供就餐服务，集中加工配送，分餐食用。

3. 小吃店
● 以点心、小吃为主要经营项目的单位。

4. 饮品店
● 主要供应咖啡、茶水、饮料或甜品等。

5. 食堂
● 设于学校、机关、企事业单位、工地等场所，供应学生或内部职工等。

6. 集体用餐配送单位
● 根据集体服务对象订购要求，集中加工、分工食品但不提供就餐场所的配餐提供者。

粤菜创业开店类型评估

自评　　　他评

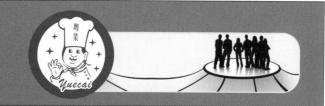

■（二）中式餐饮主要类型、使用面积与投资意向（以下数字仅供参考）

餐饮类型	使用面积	工作和经营区域主要部分使用面积				所在城市和区域	投资意向
		食品处理区	切配烹饪场所	凉菜专间	就餐场所		
小型餐馆	≤150㎡	≥14㎡	≥8㎡	≥5㎡	≥28㎡		

基本要求：（1）加工场所水池（含海、淡水水产品）50cm×50cm×30cm×3；（2）清洗消毒场所水池50cm×50cm×30cm×2；（3）清洗消毒池、消毒柜、保洁柜在一起，库房独立；（4）从原料进到成品出，单线布局避免交叉污染；（5）厕所不得在食品处理区。

餐饮类型	使用面积	食品处理区	切配烹饪场所	凉菜专间	就餐场所	所在城市和区域	投资意向
中型餐馆	>150㎡ ≤500㎡	≥40㎡	≥20㎡	≥10㎡	≥100㎡		

基本要求：（1）必须设独立的粗加工间、食品库房、非食品库房、专间（凉菜、裱花蛋糕、生食海产品）、餐具清洗、消毒保洁间（水池、消毒柜、保洁柜放一起）；（2）食品处理区还应设置操作人员洗手池（按人流量增设）；（3）其他与上同。

餐饮类型	使用面积	食品处理区	切配烹饪场所	凉菜专间	就餐场所	所在城市和区域	投资意向
大型餐馆	>500㎡ ≤3000㎡	≥120㎡	≥50㎡	≥15㎡	≥340㎡		
特大型餐馆	>3000㎡	≥950㎡	≥375㎡	≥80㎡	≥1600㎡		
小吃店快餐店	≤50㎡	≤10㎡	≤8㎡	≤4㎡	≤28㎡		
	>50㎡	≥10㎡	≥10㎡	≥5㎡	≥26㎡		

粤菜创业中、小、微投资意向评估

自评	他评

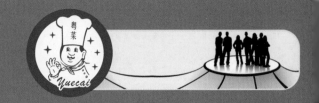

■（三）投资费用预算表

1. 基本信息

餐饮类型		经营面积		从业人数	
计划投资		投资方式		经营模式	

2. 投资与经营费用预算（以下表格相关数据请结合自己实际情况填写，为粤菜创业开店做资金规划。）

序号	1		2			3				
项目	租赁费		员工薪酬			门店转让、装修及设备等费用投资				
前期投资费用	门店店租（元/月）	住宿租金（元/月）	各类人员工资（元/月）	各类人员福利（元/月）	各类人员奖金（元/月）	门店转让（元）	店头招牌（元）	店内装修（元）	厨房设备（元）	空调电器（元）
	3个月押金3个月租金（元）	3个月押金3个月租金（元）	预留3个月	预留3个月	预留3个月	桌椅用具（元）	餐具费用（元）	各类工衣（元）	店内广告（元）	装饰摆设（元）

序号	4		5			6			
项目	日常采购		日常经营			日常水电等费用开支			
经营采购费用	原料采购（元）	设备采购（元）	办公费用（元）	广告费用（元）	促销费用（元）	水费（元/月）	电费（元/月）	气费（元/月）	
	采购资金预留3个月	采购资金预留3个月	预留资金3个月	预留资金3个月	预留资金3个月	水费金额预留3个月	电费金额预留3个月	气费金额预留3个月	

序号	7				8			
其他费用	招聘费用（元）	培训费用（元）	开办费用（元）	开业费用（元）	折旧费用（元/月）	维修费用（元/月）	税金（元/月）	

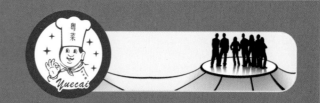

■（四）投资规划评估 （温馨提示：根据问题，用手机自查资料或案例，翻转课堂。）

1. 根据前面的投资预算规划，自己有足够的钱进行粤菜创业吗？为什么？

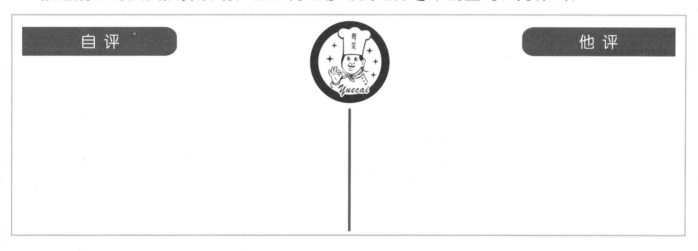

自评		他评

2. 如果一个人进行粤菜创业感觉投资压力比较大，你可以从哪些渠道解决资金问题？

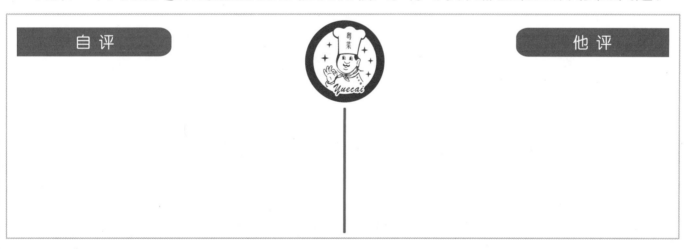

自评		他评

3. 如果你和几个伙伴共同投资进行粤菜创业，你们之间的股份比例应如何分配？

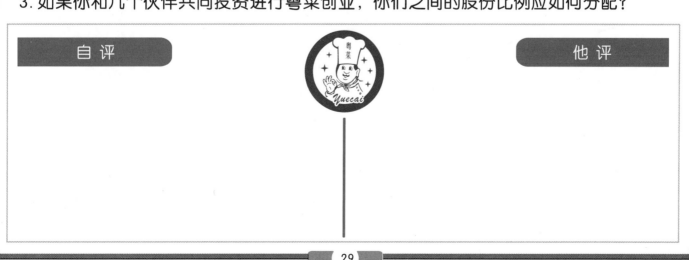

自评		他评

粤菜创业第三步

商圈调查与门店选址

6—8学时

一、粤菜创业广东区域城市分布

一线城市：广州、深圳

新一线城市：东莞

二线城市：
佛山、惠州、珠海、汕头

三线城市：
湛江、中山、梅州、揭阳

四线城市：
韶关、茂名、肇庆、清远
江门、阳江、河源、潮州

五线城市：
云浮、汕尾

韶关市
梅州市
清远市
河源市
潮州市
揭阳市
肇庆市
广州市
惠州市
汕头市
云浮市
佛山市
东莞市
江门市
中山市
汕尾市
深圳市
珠海市
阳江市
茂名市
湛江市

如到广东省外进行粤菜创业，可参照不同城市的分级和实际情况选择城市。

城市商业综合指标

GDP规模	人口与居民人均收入	世界500强企业落户数量	机场吞吐量	国际航线数量
一线品牌进入数量	一线品牌进入密度	211高校985高校	大公司重点战略城市排名	使领馆数量

对自己选择的创业城市进行评估

自评	他评

■ 二、商圈与商圈调查

■ （一）什么是商圈？

1. 商圈是商家商业活动的辐射范围，也是商家所能吸引客群的范围。

2. 商圈是无形的，也是不规则的，为了便于理解，常用圆圈或椭圆来表示。

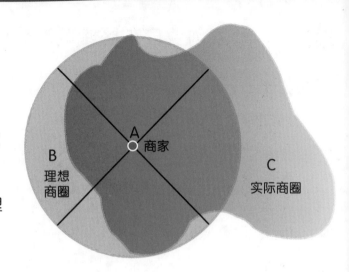

■ （二）商圈的三个层次

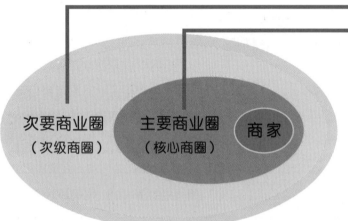

主要商业圈

在该商业圈的顾客占顾客总数的比率最高，每位顾客的平均购货额也最高，顾客的集中度也较高。门店在此区域内的顾客数约占总顾客数的55%—70%。

次要商业圈

在该商业圈的顾客占顾客总数的比率较少，顾客也较为分散；门店在此区域内的顾客数约占总顾客数的15%—25%。

在该商业圈的顾客占顾客总数的比率相当少，且非常分散。

■ （三）商圈的范围

集中型商圈：主要商圈半径在2000米以内，次要商圈半径在2000米—5000米之间，边缘商圈半径在5000米以外。
分散型商圈：主要商圈半径在500米以内，次要商圈半径在500米—1000米之间，边缘商圈半径在1000米以外。

商圈范围划分的其他依据

（1）马路之分界：超过40米宽道路四线道或中间有栏杆、安全岛、主要干道阻隔，使人潮流动不易而划分成不同商圈。

（2）铁路、平交道之阻隔：因铁路、平交道之阻隔，使人们交通受阻而划分成两个不同商圈。

（3）高架桥、地下道：因高架桥、地下道阻隔，使人潮流动不易而划分成不同商圈。

（4）大水沟：因大水沟阻隔，使人潮流动不易而划分成不同商圈。

（5）单行道：因单行道阻隔，使人潮流动不易而划分成不同商圈。

（6）人潮走向：由于人潮走向之购物习惯与人潮流动之方向，使该区形成一个独立商圈。

■（四）影响商圈大小的五大要素

商业形态	交通状况	经营面积	竞争压力	消费习惯

如百货公司、家居广场、超市、生活馆、便利店等...	公共运输的便利性，门店周围的主要动线是否顺畅？	主要从门店建筑面积和使用面积两个角度考虑：房租按建筑面积，经营按使用面积。	商圈内主要竞争对手是谁，同主要竞争对手相比，自己的经营优势和劣势是什么？	消费者每隔多久在外就餐？多久购物一次？认为就近方便就好的人群有多少？

■（五）城市商圈的划分

随着城市的蓬勃发展，越来越多的商圈形态归属于混合型商圈，体现为办公、商业、住宅、文教等两个或者多个类型重叠。

1. 国际型商圈

国际型商圈多在一线城市和新一线城市或大型省会城市的繁华商业区域。

◎ 与国际接轨的优质完善的购物环境　　　◎ 拥有世界级的标志性名店

◎ 具有强大感召力的世界级品牌核心商业街　　◎ 丰富多元的高端商品品牌

◎ 凸显世界级都市的风韵特色　　◎ 将国际购物与国际旅游有机结合　　◎ 强劲的时尚生活引导力

2. 都市型商圈

都市型商圈多是一、二、三线城市和东部、东南部有经济发展潜力的四线市级商圈。

位置	都市型商圈一般位于城市中心区，交通便捷，大多为历史悠久的商业聚集区。
功能	都市型商圈业态丰富齐全、消费者选择余地大、大型百货或者购物中心集中区域。
规模	都市型商圈商业网点密集、在该城市中最具市场活力，商业营业面积超过30万平方米。
客流	都市型商圈客流量大，日客流量超30万人次。

3. 区域型商圈
区域型商圈多是一、二、三、四、五线城市区级或县级商圈。

位置	区域型商圈多位于交通枢纽，交通便捷，是商务人士和居民集聚区。
功能	区域型商圈业态比较齐全、功能基本完备，能满足区域内商业需求和消费者的各种生活需求。
规模	区域型商圈商业网点比较密集、业态结构合理、商业营业面积超过10万平方米。
客流	区域型商圈日客流量超10万人次。

4. 社区型商圈
社区型商圈一般是一、二、三、四、五线城市开放或半开放的大型社区，也可以是几个开放或半开放的小中型社区的集合。

位置	社区型商圈一般是居民居住区域。
功能	社区型商圈业态和结构满足居民日常的基本生活需求。
规模	社区型商圈商业营业面积3万平方米左右。
客流	社区型商圈社区服务人口在3万左右。

5. 特色型商圈
特色型商圈和都市型商圈有一定的交叉，但也有比较明显的区隔：

- 都市型商圈主要是指城市的商业中心，面向和辐射到的大部分是本市和商圈周围的消费者，都市型商圈的人流量相对非常稳定。
- 特色商圈则主要是面向某一类型的特殊消费者，比如外地旅游者。特色商圈的人流量在节假日会非常多，平日人流偏少，不够稳定。

位置	特色型商圈位于城市交通枢纽、旅游区域或历史悠久的商业街区。
功能	特色型商圈业态单一，但是同业态的集聚，对同业态的消费选择余地大。
规模	营业面积10万平方米左右。
客流	节假日时，客流量巨大，日客流量超20万人次。平日人流偏少，不够稳定。

■（六）粤菜中小型餐馆开店城市与商圈匹配（考察重点）

一线城市	二线城市	三线城市	四线城市	五线城市

重点考察： 区域商圈 大型社区商圈 城市边缘结合部	重点考察： 区域商圈 大型社区商圈 特色商圈	重点考察： 市级商圈 区域商圈 大型社区商圈	重点考察： 市级商圈 区域商圈 特色商圈	重点考察： 市级商圈 区域商圈 核心地段

粤菜创业商圈选择探讨

自评　　　　　他评

■（七）商圈调查

商圈调查要考察环保要素，注重环境保护评估。

1. 商圈调查表

（实际开店之前，要到初选的商圈去做调查，根据实际调查情况填写，在适合的 □ 内打"√"，并将相关下划线空格处的内容填写完整。每考察一个商圈使用一份商圈调查表。）

商圈名称：		商圈地形或商业门店群构成结构：
调查时间：　　调查人：		□ "井"字形结构　□ 三角形结构　□ 十字形结构　□ 平行线结构　□ 直线结构 □ 其他

商圈性质	城市中商圈地位	□ 一级商圈　　□ 二级商圈　　□ 三级商圈　　□ 四级商圈及以下
	商圈级别	□ 核心商圈　　□ 次级商圈　　□ 边缘商圈
	商圈属性	□ 商业区　□ 娱乐区　□ 金融区　□ 综合区　□ 住宅区　□ 其他
	商圈生命周期	□ 形成期　　□ 成长期　　□ 成熟期　　□ 衰退期

商圈基础设施建设	绿化环境	□ 好　□ 一般　□ 差	物业环境	□ 好　□ 一般　□ 差
	道路基础建设	□ 好　□ 一般　□ 差	休息区建设	□ 好　□ 一般　□ 差

商圈购买力评估	商圈消费金额	□ 2000元以上　□ 1500元—2000元　□ 1000元—1500元　□ 800元—1000元		
		□ 500—800元　□ 300元—500元　□ 100元—300元　□ 100元以下　□ 其他		
	商圈目标客流量	＿＿＿＿ 人/天（日　常）	常住住户消费能力	□ 高　□ 中偏高　□ 中
		＿＿＿＿ 人/天（节假日）		□ 中偏低　□ 低　□ 很低

商圈易达性	□ 公交车站 ＿＿＿＿ 个　　　□ 公交线路 ＿＿＿＿ 条　　　□ 停车场 ＿＿＿＿ 个	
	□ 所在主干道路 ＿＿＿＿ 米左右	主干道是否通畅　□ 好 □ 一般 □ 差 □ 其他
	□ 店前人行道宽 ＿＿＿＿ 米左右	人行道是否通畅　□ 好 □ 一般 □ 差 □ 其他
	□ 商圈内购物广场 ＿＿ 家，主要有 ＿＿＿＿ ；□ 商圈内超市 ＿＿ 家，主要有 ＿＿＿＿ ；	
	□ 商圈内便利店 ＿＿ 家，主要有 ＿＿＿＿ ；□ 小吃店 ＿＿ 家，主要有 ＿＿＿＿ ；	
	□ 商圈内风味餐馆 ＿＿＿＿ 家，主要有 ＿＿＿＿ ；	
	□ 商圈内其他门店类型和数量 ＿＿＿＿ 。	

2. 商圈评分表

（根据目标商圈实地调查情况，参照以下表格对商圈进行评分，商圈评分计算公式见下表。商圈评分与商圈调查表对应和配套使用。）

考察中项		考察小项维度	得分标准参考			计算得分	
考察中项	中项权重	考察小项	最高3分（最低2.01分）	2分（最低1.01分）	1分（最低0分）	小计	综合
A类商圈业态	13%	商圈级别	核心商圈	次级商圈	边缘商圈		
		商圈属性	商业区、金融区	娱乐区、综合区	住宅区、难界定		
		商圈生命周期	成长期和成熟期	形成期	衰退期		
		商圈基础设施建设	好	一般	差		
B类商圈购买力评估	60%	商圈潜在客群消费能力	高	中	低		
		目标客流量人/天（非周末）	大于10000	3000—10000	小于3000		
		评估消费金额	800元以上	300—800元	300元以下		
C类商圈易达性	7%	公交线路或停车站	多于30个	10—20个	少于10个		
		主干道是否通畅	通畅	一般	较差		
		商圈人行道是否通畅	通畅	一般	较差		
		商圈主干道长	400—800米	200—400米超过800米	不到200米		
		商圈主干道宽	20—40米	10—20米	10米以内		
D类商业氛围	20%	商圈吸引客群主力店	20家以上	5—20家	5家以内		
		商圈内互补的门店	200家以上	50—200家	50家以内		
		商圈内同行竞争状况	3家—8家	≤30家，>8家	<3家，>30家		

单独评价商圈60分为合格。商圈得分越高，投资要求越高，要根据具体项目进行评价。　　　　商圈得分（各类综合得分合计）➡

商圈评分计算公式　　商圈得分 = ∑各类综合得分（各类综合得分之和）

$$各类综合得分 = \frac{同类权重内每行小项实际得分（小计）之和}{同类权重内每行小项最高得分之和} \times 同类权重 \times 100$$

三、门店选址与店址调查

（一）一定要特别重视门店选址

1. 门店选址的目的

门店选址就是要充分利用商圈区域资源，实现单店盈利。

七分店铺　三分经营

2. 粤菜创业开店四大法宝

门店选址

城市和商圈确定后，选址正确是第一要务。

门店选人

门店选人的关键是选对店长和骨干店员。

菜品特色

此项属门店选产品，地道菜品和特色能吸客。

门店培训

门店培训包括厨师技术、店员素质、经营管理等。

分别讲述一个餐饮开店选址成功和失败的案例并予以评价

自评	他评

■（二）门店选址调查

商圈调查是为了选定开店的"面"，门店选址调查是为了在选定的"面"中去确定"点"，即门店的位置。餐饮门店选址一定要高度重视消防设施和消防措施。

1.门店选址调查表

（到初步选定的意向商圈去做门店选址调查，根据实际情况填写，在适合的□内打"√"，并将相关下划线空格处的内容填写完整。每考察一个店址使用一份店址调查表。）

预期店所在商圈：	店址调查时间： 店址调查人：	预期店地址： 必备条件：能做中式餐饮	预期店属性： □直营 □加盟 □合作 □其他
店租_____元/月 转让费_____元 首付_____ 其他_____		门店使用情况： □空屋 □使用中 □其他_____ 可移交时间：___年__月__日 免租装修期____个月	
可营业时间：___时__分至___时__分 特殊情况：_____		周围店铺租金情况：1.___元/平方米/月 2.___元/平方米/月 3.___元/平方米/月 4. 元/平方米/月 5.___元/平方米/月	

店面 物业 条件	店面建筑面积_____平方米 实用率____% 其他_____	店面尺寸：门店宽____米；门店纵深____米；门店高____米 店面是否一楼临街：□是 □否 位于___楼；铺号____
	门店招牌最大可做尺寸： 长____米；宽____米；高___米	店面形状：□长形 □方形 □圆弧形 □梯形（前窄后宽） □梯形（前宽后窄）□有缺角□无缺角□其他形状____
	有无橱窗：□无 □有____个 最大尺寸：长____米；高___米	店面朝向：坐____向____；店门：□向内开 □向外开 门店后面有没有比门店所在楼高的楼：□无 □有___栋
	建筑结构：□框架□混合□其他	店内柱子：□无 □有__个；店内承重墙：□无 □有__面
	防火措施：□好□一般□差□无	出入口：□一个；□多__个；有无死角：□无 □有__个

店面 周围 物业 条件	店面招牌最远可视距离____米	店前分布：□护栏□斑马线 □公交站___条线路车□ 地铁
	店前台阶： □无 □有____阶	店前障碍物：□无 □有，主要是_____
	门口休闲凳：□无□有 距店__米	门口公交站：□无 □有，距店___米；禁行段：□无□有
	店外广告灯箱位：□无□有__个 最大尺寸：长___高___宽___	门口路灯：□无 □有，距店___米 | 门口施工：□无 □有 门口大树：□无 □有，距店___米 | 还需__天，距店__米
	临近有无聚人气的大店： □无 □有__个 □其他_____	店面所处位置： □商圈入口 □商圈出口 □商圈中心 □交叉路口 □拐角 □死角 □其他_____
	店门是否面临大街：□是 □否 门店前人行空地宽_____米	店前目标人流量____人/天； 每天目标人流量高峰时段： _____
	临近有无同类店：□无 □有___家；餐馆类型及风味_____	
	同类店经营定价：□高价位，人均____元；□中价位，人均____元；□低价位，人均____元	

粤菜创业第三步
商圈调查与门店选址

2.门店选址评分表

（根据目标门店实地调查情况，参照以下表格对门店选址进行评分。门店选址评分计算公式见下表。门店选址评分与门店选址调查表对应和配套使用。）

考察中项		考察小项	得分标准参考			计算得分	
考察中项	中项权重	小项名称	最高3分（最低2.01分）	2分（最低1.01分）	1分（最低0分）	小计	综合
A类店面可视性	24%	店招可视距离	25米以外可见	15—25米可见	15米之内可见		
		店内面积	500平方米以上	200—500平方米	200平方米以下		
		店面开间宽度	5—6米	3—5米；6—8米	<3米 或 >8米		
		店面进深度	25—30米	15—25米 30—40米	<15米 或 >40米		
		店面空间高度	2.8—3.5米	2.5—2.8米 3.5—3.8米	<2.5米 或 >3.8米		
		采光性	整体自然光照充足	小部分采光不足	大部分采光不足		
		户外广告位	3个以上	1—3个	无		
B类空间效果	7%	房屋结构	框架结构，梁柱少	框架结构，梁柱多	非框架，梁柱多		
		功能性	便于展示和销售	略不便于展示和销售	不便于展示和销售		
		形状利用效果	无死角	1个死角	多个死角		
C类店面可接近性	15%	交通易达性	无护栏，近公交站和斑马线	无护栏，远离公交站和斑马线	街道末梢，远离公交站和斑马线		
		道路结构	宽8—10米	宽6—8米或10—12米	宽<6米 或 >12米		
		店前平坦性	无台阶，无障碍物	无台阶，有障碍物	有台阶，有障碍物		
D类店面立地效果	54%	门店位于街道位置	1/3 — 2/3 处	接近1/3 或 2/3 处	远离1/3 或 2/3 处		
		街道聚客点	多个聚客点	1个聚客点	无聚客点		
		街道客流主体靠近店面一侧	靠客流主体一侧，且客流量较大	靠客流主体一侧，但客流量一般	不靠客流主体一侧		
		店面分流状况	没有分流	分流不多	分流很多		

单独评价店址60分为合格。店址得分越高，租金越贵，店址和商圈平均分60为合格。　　　　　店址得分（各类综合得分合计）➡

门店选址评分计算公式　　店址得分 = Σ各类综合得分（各类综合得分之和）

$$各类综合得分 = \frac{同类权重内每行小项实际得分（小计）之和}{同类权重内每行小项最高得分之和} \times 同类权重 \times 100$$

■（三）意向转让门店人流量/进店率/成交率调查表

遇门店转让情况，除了店址调查外，还要到待转让的门店去做人流量调查，具体要求参见下表。遇到转让店要避开一些隐藏的陷阱，如：打着旺铺旗号的店铺基本都不旺，生意好但转让条件特别优惠的可能是快拆迁了等等。

日期		星期		天气		统计人	

门店名称			门店面积			所在商圈	

时间段	店前过往人数	进店人数	成交人数	成交率	顾客总数		会员数量	备注
					新顾客	老顾客		
6:00—8:00								
8:00—10:00								
10:00—12:00								
12:00—14:00								
14:00—16:00								
16:00—18:00								
18:00—20:00								
20:00—22:00								
22:00—24:00								

进店率=进店合计人数/门店过往总人数　　成交率=成交人数/进店合计总人数　　新、老顾客情况现场了解

● 此表格到现场统计时以记"正"字的方式统计人流量，从周一到周日记录意向转让门店每天不同时间段的人流。

● 所有统计数据不要填写单位，没有数据的请填写为0；请选不同的天气状态进行测试（晴、雨、暴雨等）。

● 未开店的时间段，只记录店前经过人流，在备注中记录没有开店时段。

● 进店目标消费群年龄段目测，统计的数据是进店人数，不要与门前过往总人数混淆。

粤菜创业城市、商圈和门店选址综合评估之后的结论

自评　　　　　　他评

粤菜创业第四步

门店获取途径与门店装修

6—8学时

一、门店获取途径

（一）餐饮门店主要获取途径与方式

1. 购买店铺

经济能力足够的创业者可以购买店铺，既可作为经营场所也可作为一项房地产投资。

2. 门店租赁

门店租赁是门店获取中应用得最多、最广泛的途径和方式。

3. 与店铺合作

有资金和项目的一方可以和有店铺的一方进行合作，按双方约定的比例分红。

4. 股权置换

已有正在经营餐饮的门店的业主和拥有餐饮企业的业主，可以以股权置换的形式进行门店扩张。

最适合自己的门店获取途径评估

（温馨提示：根据问题，用手机自查资料或案例，翻转课堂。）

| 自评 | 他评 |

■（二）门店租赁是粤菜创业最常见的门店获取途径和方式

1. 什么是门店租赁？

- 租赁是一笔交易的两种不同的说法，其实都是指同一个经济行为。
- 门店租赁从出租人的角度看，出租物件叫租；从承租人的角度看，租入物件叫赁。

以获取租金为条件，在一定时期内将门店使用权出让给承租方。 ➡ 出租方 **租 赁** 承租方 ⬅ 通过支付租金，在一定时期内合法使用门店，以期获得合法经营收益。

联结纽带 ➡ **合同 协议** ⬅ **联结纽带**

具备合法资格、签订合法条款的门店租赁合同或门店租赁协议，具备同等的法律效应。 签订门店租赁法律文书可以是双方（甲方和乙方）也可以是多方，但一定不能是单方的。

2. 门店租赁的主要途径有哪些？

亲朋、好友或熟人介绍	房屋门店出租中介	相关物业管理机构	门店转让者在门口贴出转让信息	搜索和浏览相关网站	同行相关关系与信息

门店最佳租赁途径评估

自评　　　　他评

3. 门店租赁之承租方谈判要点

按金与首付	装修免租期	租金与租期	交租方式	免责及退按条件

按金即押金，单位为N个月的月租金。一、二线城市签约首付通常是三按一租（三个月的押金，一个月的租金）。	毛坯状态的一手门店通常会有一定时间的装修期，装修时间的长短可根据门店面积、装修时间、租期等因素同出租方洽谈。	与出租方谈租金和租期，可从以下方面寻找谈判的契机。	门店租金通常是按月交，交租时间最好是月初第一天，具体双方商谈。也有个别城市一次交一年的租金的情况，应提前了解。	退按条件可事先约定并写进租赁合同中，只要双方都能接受，并不一定要合同期满。提前界定不可抗力条件下的一些免责条件。

					一定要确认门店产权归属。如果是多人产权，应由所有产权人签名同意门店出租。
门店位置和可见度	门店装修与布局的难易程度	门店屋型与结构	门店面积大小与实用率	门店年限和已使用时间	门店产权

门店租赁之承租方谈判要点评估

自评　　　　他评

4. 门店租赁之合同构成要点

当事人姓名、名称、住所、资格（合法身份证、证照等）

门店交付时的基本状况

门店用途、租金、期限、交租方式和时间、签约首付等

租期超过2年的涨租时间频率和涨租幅度

修缮责任

变更与解除合同的条件

关于签订转租和违约责任的规定

相关免责条款及遇争议的解决方式

在网上下载一份标准的门店租赁合同进行评估

自评　　　　　他评

■ 二、门店招牌

■ （一）什么是门店招牌?

门店招牌是指挂在门店前作为标志的牌子，主要用来指示店铺的名称和记号，称为店招、店标。

英文 sign，shop sign，signboard，faceboard，facia 都是指招牌，其中 faceboard 最贴切、最形象。

■ （二）门店招牌应具备的两个要素

1. 能准确识别

● 门店招牌能准确识别行业，如是做餐饮的、卖茶叶的、卖化妆品的或是卖服装的，不能混淆、更不能产生歧义。

● 图形和文字要相互呼应，不能毫无关联。

2. 能产生正确的联想

● 正确的联想要能激发了解欲和购买欲。

● 正确的联想应是正面的、积极的，而不是负面的、消极的。

■ （三）一个好招牌能产生的好作用

1.引导顾客

2.反映特色

3.引起兴趣

4.易记忆传播

■ （四）门店招牌文字设计要点

1. 门店招牌的字形、凸凹、色彩、位置应相互协调。

2. 文字应尽可能精简，内容立意要深，同时又要朗朗上口、易记易认、一目了然。

3. 文字内容必须与门店所销售的产品相吻合。

4. 字体要注意大众化，中文和外文美术字的变形要容易辨认。不要为追求利落或是复古而采用狂草等让人难以辨认的字体。招牌的命名要力求言简意赅、清新不俗、易读易记并富有美感，使之具有较强的吸引力。

■ （五）门店招牌的应用要从哪几个方面入手？

1. 招牌的内容	2. 招牌的设计创意	3. 招牌的材料和表现形式	4. 招牌的光照
5. 招牌的颜色	6. 招牌摆放的位置	7. 招牌的性价比（效果与投入产出比）	8. 招牌的使用时间

■ （六）门店招牌常见种类介绍

屋顶招牌	栏架招牌	侧翼招牌	路边招牌	墙壁招牌	垂吊招牌悬挂招牌	遮阳棚招牌

屋顶招牌： 在屋顶上竖一个广告牌，使消费者在比较远的地方就能看见门店店名和经营特色。

栏架招牌： 栏架招牌常装在门店正面，可以用来标识餐馆名、商标名、业务经营范围、商品名等，是重要的招牌种类。

侧翼招牌： 侧翼招牌一般位于门店的两侧，其显示的内容是给两侧行人看的。门店侧翼招牌一般以灯箱、霓虹灯为主。

路边招牌： 路边招牌是一种能放在店前人行道上的招牌，用来增加门店对行人的吸引力。这种招牌可以是人物招牌，也可以是橱窗展示或自动售货机。

墙壁招牌： 门店的墙壁可以利用来做招牌即墙壁招牌，好的墙壁招牌可以焕发光彩，与众不同。

垂吊招牌： 垂吊招牌即悬挂在门店正面门口或侧面墙上的招牌，因此也叫悬挂式招牌。悬挂式招牌除了印有餐馆的店名之外，通常还印有图案标记。

遮阳棚招牌： 遮阳篷招牌是一种外挑式招牌，距建筑表面有一定的距离，比较突出醒目，易于识别。遮阳篷招牌对门店而言是视觉应用设计的一部分。

■ （七）门店招牌主要材质介绍

1. 板材类	PC板	PVC板	KT板	PS板	亚克力板	双色板	热板	冷板
	芙蓉板	铁板	铜板	铝板	不锈钢板	钛金板	镜面	……

2. 喷画类	户外 广告布喷画	背胶喷画 （普通／写真）	室内 灯箱片喷画	室外 灯箱片喷画	……

3. 发光类	不锈钢 LED发光字	树脂 LED发光字	亚克力 LED发光字	吸塑 LED发光字	灯箱 LED发光字	点阵发光字
	超高亮 LED灯箱字	超高亮 LED发光字	穿孔字 （外露发光字）	LED 七彩发光字	LED 通体发光字	立体三维 发光字

4. 广告字	不锈钢字	铜字	水晶字	钛金字	烤漆字
	PVC字	镜面字	贴金字	双扣边字	泡沫字

5. 综合类	吸塑	霓虹灯管	金属板冲孔	LED炫彩屏	……

设计一款自己喜欢的招牌并对其进行评估

自评　　　　　他评

■ 三、门店装修

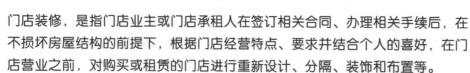

■ （一）什么是门店装修？

门店装修，是指门店业主或门店承租人在签订相关合同、办理相关手续后，在不损坏房屋结构的前提下，根据门店经营特点、要求并结合个人的喜好，在门店营业之前，对购买或租赁的门店进行重新设计、分隔、装饰和布置等。

门店装修一般都是室内装修，店外涉及的通常是招牌，店外墙体整体改造的情况较少。

什 么 是 二次装修？	无论是门店还是其他房屋，用户或住户调换后，新用户或新住户通常会将原来的装修拆除，按自己的意愿重新进行再次装修，只要不是第一次装修，无论装修过多少次，再装修都称为二次装修。

■ （二）有物业管理的门店装修基本流程（简化）

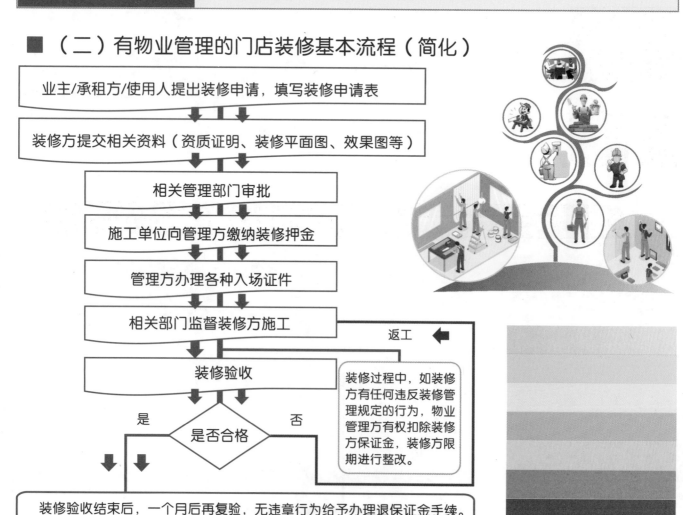

业主/承租方/使用人提出装修申请，填写装修申请表

↓

装修方提交相关资料（资质证明、装修平面图、效果图等）

↓

相关管理部门审批

↓

施工单位向管理方缴纳装修押金

↓

管理方办理各种入场证件

↓

相关部门监督装修方施工　　　返工 ←

↓

装修验收

装修过程中，如装修方有任何违反装修管理规定的行为，物业管理方有权扣除装修方保证金，装修方限期进行整改。

是　　　　否

是否合格

装修验收结束后，一个月后再复验，无违章行为给予办理退保证金手续。

■ （三）门店整体规划与店内布局

（温馨提示：根据问题，用手机自查资料或案例，翻转课堂。）

1.门店整体规划

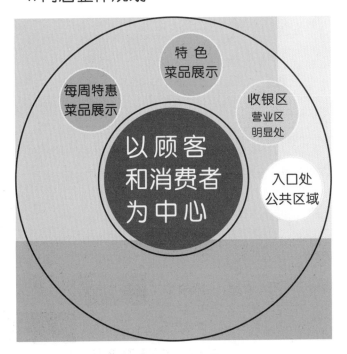

每周特惠菜品展示

特色菜品展示

收银区 营业区明显处

以顾客和消费者为中心

入口处公共区域

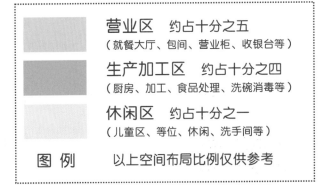

营业区	约占十分之五 （就餐大厅、包间、营业柜、收银台等）
生产加工区	约占十分之四 （厨房、加工、食品处理、洗碗消毒等）
休闲区	约占十分之一 （儿童区、等位、休闲、洗手间等）
图 例	以上空间布局比例仅供参考

如何选择装修机构?

装修资质	设计风格	成功案例
客户口碑	平面布局	3D效果图
工程报价	选用材料	工程质量
施工队伍	施工时间	……

2.餐馆店内布局要素

出入口设计	动线设计	营业区设计	生产加工区设计	休闲区设计	营业区与非营业区连接处设计	就餐类型布局	菜品陈列布局	灯光●色彩

■ （四）需要装修机构提交的相关资料（仅供参考）

装修平面布局图	装修3D效果图	设计说明和材料做法表	综合天花图	配电系统图	电力平面图
照明天花图	空调水管平面图	空调风管平面图	空调电器平面图	消防水管平面图	消防电气平面图
弱电平面图	弱电配线表	给排水平面图	防水工程施工图	天然气管线平面图及大样图	通排风平面图

■ （五）什么是门店装修管理？

门店装修管理就是在门店业主、门店承租人或使用人对门店装修期间，对有资质的装修方、装修方案、装修材料、装修质量以及装修人员等方面进行的综合管理。

■ （六）门店装修工程主要种类介绍

门店装修交给专业人士做，但也需要了解一些基本的装修知识，与装修人员有效沟通，达到事半功倍的效果。

（温馨提示：自行收集一些不同风格的餐饮门店装修图，并对自己喜欢和不喜欢的风格进行点评。）

1. 木作工程	木天花板	木隔断	木造型饰体	木货架	木壁柜	木收银台	木接待台	木办公家具
2. 油漆壁纸	木作油漆	办公家具油漆	地板油漆	金属构件油漆	顶油漆	墙面贴壁纸	家具贴薄木单板	饰面贴薄木单板
3. 泥水、石材工程		抹砂浆	铺贴瓷砖瓷片	石材板铺设	石组景观	石雕刻		
4. 粉刷、喷涂工程		内墙面涂乳胶漆	喷塑	刮花 刮蜡、刮美卡	刮腻子	普通粉刷		
5. 金属工程	轻钢龙骨	铝合金龙骨吊顶	楼梯扶手	拦档	门窗			
6. 门窗工程	铁质门窗	木质门窗	塑料门窗	铝合金门窗	塑钢门窗	不锈钢门窗		
7. 地面工程	地面铺设	地毯铺设	墙面粘贴	楼梯台阶（含设计）				
8. 水电工程	配管线	安装灯具	安插座	安洁具	敷设供排水			
9. 空调工程	窗式空调安装	柜式空调安装	分体式空调安装	中央空调安装	风管安装	冷却水管安装	水塔安装	
10. 玻璃、镜面工程		门窗玻璃	隔断玻璃	装饰镜面	雕蚀玻璃			
11. 石膏板、埃特尼板类工程		吊顶	隔断墙					

12. 招牌、广告工程	门面招牌	广告灯箱	壁画广告	饰字画案	15. 窗帘工程	帘导轨	百叶帘	垂直帘	布幔
13. 饰面工程	贴防火板	宝丽板	三合板	包人造革皮	16. 绿化工程	室内盆栽	花架植栽	地面花园	屋顶花园
14. 设备广告工程	各种设备用具	五金件安装	包不锈钢		17. 拆除、清洁工程	打墙	拆旧设施	改位	清运清洁

■ （七）门店装修验收单

门店装修验收单					
门店名称		门店地址		门店面积	
装修机构		装修日期		验收日期	
1. 餐馆风格、店内布局是否符合设计要求？		□ 通过　□ 要整改，要求：			
2. 木作类、地面类等工程质量是否过关？		□ 通过　□ 要整改，要求：			
3. 门店建筑结构是否有改动或破坏？		□ 通过　□ 要整改，要求：			
4. 空调机位和预留检查口是否符合规定？		□ 通过　□ 要整改，要求：			
5. 是否破坏公共设施和设备？		□ 通过　□ 要整改，要求：			
6. 是否破坏相邻门店？		□ 通过　□ 要整改，要求：			
7. 是否将施工垃圾拉到规定的位置处理掉？		□ 通过　□ 要整改，要求：			
8. 是否破坏门店周围绿化和卫生环境？		□ 通过　□ 要整改，要求：			
9. 通风和消防设施是否符合设计要求？		□ 通过　□ 要整改，要求：			
10. 装修期间是否有相关违章行为？		□ 通过　□ 要整改，要求：			
		□ 通过　□ 要整改，要求：			
		□ 通过　□ 要整改，要求：			
		□ 通过　□ 要整改，要求：			
备注：	物业管理机构　　盖章　　年　月　日	装修机构　　盖章　　年　月　日	施工负责人签字　　年　月　日	验收人签字　　年　月　日	门店负责人签字　　年　月　日
	二次验收　　盖章　　年　月　日	二次验收　　盖章　　年　月　日	二次验收　　签字　　年　月　日	二次验收　　签字　　年　月　日	二次验收　　签字　　年　月　日

对门店装修整体工作及装修满意度进行评估

自评　　　　　　他评

粤菜创业第五步

菜品设计与菜单制作

6—8学时

一、粤菜饮食文化小记

粤菜是最具广东特色的饮食文化，也是具有代表性的中国饮食文化之一。粤菜讲究味道之鲜美，色、香、味、型整体设计之完美。狭义的粤菜指的是广州菜（也称广府菜），发源于岭南，集广州、番禺、南海、顺德、东莞、香山、四邑（新会、台山、开平、恩平）、宝安、肇庆、韶关、湛江等地方风味的特色为一体，是传统的中国四大菜系之一。广义的粤菜由广府菜、潮州菜（也称潮菜、潮汕菜）、客家菜（东江菜是客家菜的"水"系，梅州菜是客家菜的"山系"）发展而成。

粤菜历史悠久，源远流长。粤菜的起源最早可追溯到战国时期，历史上有明确记载的是西汉淮南王刘安编著的《淮南子》，其中有"越人得蚺蛇以为上肴"之说。自秦汉开始，中原汉人不断南迁进入广州，他们不但带来了先进的生产技术和文化知识，同时也带来了"烩不厌细，食不厌精"的中原饮食风格。到了唐宋时期，中原各地大量商人进入广州，广州的烹调技艺迅速得到提高。

宋代周去非的《岭外代答》也记载广州人"不问鸟兽虫蛇无不食之"，这与广州所处的地理环境分不开。广州属于亚热带水网地带，虫蛇鱼蛤特别丰富，唾手可得，烹而食之，由此养成了广州人喜好活鲜、生猛的饮食习惯。到了明清，广州的饮食文化进入了高峰期。据清道光二年（1822年）的有关文献记载："广州西关肉林酒海，无寒暑，无昼夜。"

在漫长的历史岁月中，岭南人既继承了中原饮食文化的传统，又博采外来各方面的烹饪精华。从二十世纪世纪二三十年代开始，广州及其他代表地区的食俗，南北兼容，中西并蓄，极富特色的美食、小吃，大批大批地涌现出来，这些美食和小吃根据本地人的口味、嗜好、习惯，不断吸收、积累、改良、创新，从而形成了菜式繁多、烹调艺巧、质优味美的粤菜饮食特色。近百年来，粤菜已成为国内最具代表性和有世界影响力的饮食文化之一。

二、粤菜主要特点

粤菜注重质和味，粤菜用量精而细，配料多而巧，品种繁多。粤菜口味随季节时令的变化而变化，夏秋偏重清淡，冬春偏重浓郁，追求色、香、味、型。

广州菜又称广府菜，以发祥于广州而得名。广州菜集南海菜、番禺菜、东莞菜、顺德菜、中山菜、四邑菜等地方风味特色于一身，菜品味道讲究"清、鲜、嫩、滑、爽、香"，追求原料的本味和清鲜味，少用辣椒等辛辣性作料，菜品味道不走极端，既不会太咸，也不会太甜。

知名的广州菜有：白切鸡、广州文昌鸡、蜜汁叉烧、白灼虾、太爷鸡、红烧乳鸽、烤乳猪、烧鹅、广式烧填鸭、麒麟鲈鱼、清蒸石斑鱼、龙虾烩鲍鱼、菠萝咕噜肉、香芋扣肉、蚝皇凤爪、豆豉蒸排骨、鱼头豆腐煲、鼎湖上素、烟筒白菜、南乳粗斋煲、老火靓汤、干炒牛河、鱼香茄子煲、煲仔饭等。

广州菜（广府菜）主要特点： 清、鲜、香、嫩、爽、滑

潮州菜，简称潮菜，也有称潮汕菜。潮州菜注重味、色、香、型、器、酱，尤以"味道"最为讲究，广东素有"食在广州，味在潮汕"的说法。潮州菜具有清、淡、鲜、嫩、巧、雅等特点，主要有：潮州卤鹅、潮州卤水拼盘、潮式生腌醉蟹、潮汕海鲜粥、香煎蚝仔烙、普宁豆腐、潮汕牛肉火锅，各类潮汕小吃等。

潮汕菜主要特点： 鲜、淡、清、雅、巧、嫩

客家菜是一个统称，按地域来分，又分为梅州流派、东江流派（惠州、河源、深圳等东江客家人聚居地区）、北江流派（韶关、清远境内的客家人聚居地区）、闽西流派（长汀、龙岩等福建客家人聚居地区）、赣南流派（赣州等江西客家人聚居地区）等。

客家菜具有咸、香、肥、熟、热、软等特点。知名的客家菜有：客家酿豆腐、梅菜扣肉、客家盐焗鸡、客家红烧肉、客家猪肚鸡、客家三杯鸭、客家盆菜、客家酿苦瓜、客家猪肚包鸡、客家牛肉搏丸汤、客家猪肉搏丸汤、客家鱼丸煲、客家炒大肠等。

客家菜主要特点： 肥、熟、香、咸、软、热

三、粤菜部分代表菜介绍

（一）广州菜（广府菜）

1. 广州菜（广府菜）部分代表

白切鸡	烧鹅	烤乳猪	红烧乳鸽	蜜汁叉烧	白灼虾
广州文昌鸡	广式烧填鸭	豉汁蒸排骨	菠萝咕噜肉	鱼香茄子煲	香芋扣肉
太爷鸡	上汤焗龙虾	清蒸石斑鱼	南乳粗斋煲	鱼头豆腐汤	老火靓汤

麒麟鲈鱼	白云猪手	香酥鱼卷	煎焗鱼嘴	煎焗排骨	煎酿三宝
爽鱼皮	桑拿鱼	佛山扎蹄	豉油鸡	豉油皇大肠头	豉油咸肉豆腐
赛螃蟹	蚝油生菜	虾酱生菜煲	烟筒白菜	荷塘小炒	煲仔饭

2. 广式茶点部分介绍

广式茶点是广州小吃的精华

广式茶点种类繁多，口味丰富。粥品如艇仔粥、及第粥、生滚鱼片粥、皮蛋瘦肉粥等，小菜如豉汁凤爪、萝卜牛杂、香菇炖鸡、豆豉蒸排骨等，点心如叉烧包、水晶虾饺、肠粉、流黄包、马蹄糕、马拉糕、萝卜糕、榴莲酥、煎堆、咸水角等，尽可根据个人口味，想吃啥点啥。

艇仔粥	炒田螺	蒸肠粉
沙河粉	荷叶饭	鲜虾饺
煎萝卜糕	糯米鸡	广州炒饭

广式茶点主要分为干点类、蒸点类、糕点类、养生粥、煎炸小吃、饭、肠粉、米粉等，其中虾饺、干蒸烧卖、叉烧包和蛋挞为广式茶点的"四大天王"。

广州菜菜品与广式茶点特色评估

自评	他评

3."粤菜师傅"广州菜（广府菜）基本厨技与相关菜品制作培训

有特色的菜品是餐馆经营的重要基础，即使聘请了有经验和技能特长的厨师，餐馆经营者也需要了解粤菜的一些技能和制作过程，以下是广州菜（广府菜）基本知识、制作方法和技能实操的一些培训内容，仅供参考，以实际为准。

序号	广州菜（广府菜）基本知识与制作方法	广州菜（广府菜）技能实操
01	后厨基本知识	后镬基本功训练A
02	后厨岗位设置与相关制度	后镬与刀工基本功训练A
03	后厨职能的实现	后镬与刀工基本功训练B
04	刀工与刀法	后镬基本功训练B
05	调味知识	后镬基本功训练C（调味、赞酒、埋芡等手势训练）
06	粉、面、饭知识-1	星洲米粉、咸鱼鲜虾炒河粉、干炒牛河、榄菜肉松炒河粉
07	粉、面、饭知识-2	肉丝炒面、湿炒牛河、广州炒饭、干烧伊面
08	炒：拉油炒法	脆茄五彩龙利柳、芥辣锦绣花枝片、发海参
09	油温知识、果仁炸法	雀巢美果鸳鸯丁、XO酱玉兰海参条、多士琥珀牛柳粒
10	炒：软炒法	大良炒牛奶、桂花炒鱼肚、法国鹅肝炒滑蛋、黄埔蛋
11	焖：拉油生焖法	鹅肝酱烧茄夹、金汁鲜虾滑豆腐、八宝霸王鸭
12	炸：酥炸法、生炸法	蒜香鸡中翼、秘制海山骨、糖醋排骨、椒盐金针菇
13	炸：吉列炸、蛋白炸	黄金韭菜饼、多士吉列鱼块、双味罗氏虾、金钱虾盒
14	煎：软煎法	木瓜孜然牛仔骨、橙汁蒸软鸭、果汁猪扒、香煎金钱鳝
15	焗：锅上焗、瓦罐焗、炉焗	啫啫黄鳝、豉汁焗鱼头、葱油焗乳鸽
16	浸：油浸、汤浸	油浸山斑、沙律沙司焗牛柳、芝士牛油焗花蛤、酸菜无骨鲩
17	扣	发财好市、芋头扣肉、好味汁大肠、好味焗汁骨
18	蒸	蜜桃白贝双色蛋、蒜蓉粉丝蒸元贝、清蒸鲈鱼、水晶鸡
19	滚	起生鱼、锦绣生鱼片、豆腐芫茜鱼头汤

■ （二）潮州菜（潮汕菜）

1. 潮州菜（潮汕菜）部分代表

潮州卤鹅	潮州鱼饭	潮州冻红蟹	生腌咸虾姑	潮汕醉蟹	甲子鱼丸
潮州冻肉	麒麟鲍片	菜脯煎蛋饺	潮州肉卷	蚝仔烙	炸芙蓉虾
梅香排骨	归参熬猪腰	普宁炸豆腐	厚菇芥菜	牛肉炒芥蓝	苦瓜排骨汤

2. 潮汕小吃主要介绍

潮汕宵米	湿炒牛肉粿条	潮汕鱼皮饺	潮汕咸水粿	潮汕粿条	潮汕炒糕粿
潮汕鸭母捻	潮汕无米粿	糯米猪肠	清心丸	潮汕菜头丸	潮州麻花
老妈宫粽球	潮式葱油饼	返沙金银条	潮汕油粿	潮式芋泥卷	潮州春卷

■ （三）客家菜

客家菜可分为"山系""水系"和"散客菜"，如再细分，客家菜可分为五个流派：梅州派、东江派、闽西派、赣南派和海外派。

1. 客家菜"山系"主要代表（梅州菜）

客家咸鸡	客家三杯鸡	客家酿豆腐	猪肚包鸡	梅菜扣肉	客家焖鹅
花生煲猪脚	炒猪面肉	客家香菇酿肉	客家红烧肉	菜脯煎春	客家香炸蜂蛹
梅菜蒸肉饼	客家酿三宝	客家蛋饺煲	天麻炖猪脑	客家猪肉汤	五指毛桃汤

2. 客家菜"水系"主要代表（东江菜）

东江盐焗鸡	东江酿豆腐	东坡梅菜扣肉	东江龙蚬	黄金酥丸	东坡肉
西湖听韵	客家醋鱼	鲫鱼煎蛋	八宝窝全鸭	惠州烧鹅	炒东坡
淡水咸鸡	客家土猪肉	梅菜蒸皖鱼	冬季狗肉煲	麻陂肉丸	客家炒面线

四、菜品设计与菜单制作

（一）菜品设计与菜品组合要点

与粤菜餐馆布局装修以顾客、消费者为中心一样，粤菜餐馆菜品设计同样也是以目标顾客和目标消费者为中心的。如果菜品设计、组合和搭配没有与餐馆定位和经营风格相吻合，既吸引不了目标顾客和消费者，也难以产生回头客，那么自然会影响餐馆的持续经营和良性发展。餐馆经营品种的设计和组合通常是通过菜单反映出来的，因此必须掌握菜品设计、菜品组合和菜单设计的一些要点：

1. 菜品组合要能符合餐馆定位和满足目标顾客、目标消费者需求。  如果餐馆目标顾客和目标消费者收入为中等水平，则应多选择一些中档粤菜进行组合。	2. 组合的菜式品种要与餐馆风格档次相吻合，不要让人产生心理落差。  菜品组合要与就餐过程相协调，选择组合菜品和点心时，应避免菜点越精细越好的错误观念。	3. 要考虑菜品成本、销售情况、获利能力等，尽量选择毛利大的品种。  菜品设计和组合的最终目的是扩大销售，获得预期的利润。毛利空间大的菜品有利于提升餐馆经营能力。
4. 菜品组合的品种要得当，顾客和消费者要能有一定的选择空间。  如果不是爆品连锁经营，菜品组合的面不应太窄。既要给顾客、消费者一定选择，又不能令人眼花缭乱、无所适从。	5. 要有让目标顾客和消费者印象深刻的招牌菜品，吸引头客和回头客。  招牌菜能使餐馆具有与众不同之处并创出名气。山潮海潮不如人来潮，人脉决定钱脉，人气决定财气。	6. 与菜品相关的诸多类因素要均衡考虑，不能顾此失彼。  相关平衡因素包括：（1）菜品价格平衡；（2）原料搭配平衡；（3）烹饪方法均衡；（4）营养成分均衡。

■（二）菜品设计中着重处理好畅销与利润的三种关系

1. 菜品畅销且利润高	2. 菜品畅销但利润低	3. 菜品不畅销但利润高

此类菜品通常是特色菜、招牌菜、看家菜、拿手菜，必须作为菜品组合核心。	此类菜品属薄利多销（但一定要有利可图），通常是大众菜点，也是中小餐馆菜品组合的基础。	此类菜品通常代表餐馆的档次，能提升餐馆品级。虽然此类菜品销量不大，但利润率比较高。

对计划开的餐馆的菜品设计进行评估

自评	他评

■（三）菜单设计与制作要点

1. 菜单的作用

菜单，简单来说就是餐馆菜品的目录，让顾客选择不同口味和不同价位的食物。菜单的受众是餐馆的目标顾客和消费者，菜单和餐馆有着比较紧密的关系，对餐馆的营业额能产生重要的影响，所以，餐馆经营者一定要重视菜单设计。

让顾客记住餐馆	引导顾客消费

菜单在给顾客展示菜品的同时，也是在展示自己的品牌，好的菜单可以让顾客记住你的餐馆。	菜单上要合理搭配主菜和配菜，菜品种类不宜过多。人工智能等技术开始进入餐饮行业。

2. 菜单设计要素

 照片 　照片要用专业摄影，拍出产品的神采、食欲感，及想要传达的个性风格。

文案 　好的文案可以生动地告诉消费者，我为何与众不同，以及能给消费者哪些好处。

背景 　背景就是我有哪些文化背景、荣誉背景、传承背景等，使消费者产生信任感。

3. 菜单的制作方法及要点

菜单设计和制作方法是多种多样的，除专业摄影的实物照片外，应选择专业美工和印刷机构协助设计、印刷，使菜单设计独特、有个性，符合餐馆定位。以下是菜单制作的主要方法和要点：

菜单封面

一个设计精美的菜单封面是餐馆的"门面"，也是餐馆的重要标记，精美的菜单会给顾客和消费者留下深刻的印象。菜单的封面设计要突出本餐馆的经营风格，无论是图案、颜色还是广告语等都要把握好。

菜单结构

菜单结构要完整，主要包括：
● 冷菜、热菜、汤菜等的品名、顺序和价格。
● 特色风味菜品和点心的宣传。
● 对名厨和特色菜的展示。
● 餐馆的订餐电话、具体地址和营业时间。

菜单规格

菜单应以顾客和消费者翻阅方便为原则，经实践检验，菜单较为理想的尺寸为23cmX30cm。

菜单尺寸太大或太小都很难达到顾客所需要的视觉效果。

菜单样式

菜单的式样没有统一的规定，主要应以制作的样式、颜色与餐馆的档次和气氛相适应为宜。餐馆较为常见的菜单有：目录式、折叠式、桌式、活页式、壁挂式等，形状以长方形为多，也有方形、圆形或其他形状。

菜单文字

菜单上的文字是直接向顾客传递信息的，要求字体清晰、端正，以楷书为宜。文字书写时菜名之间安排的空隙应合理，切勿过稀或过密，否则会影响顾客的阅读效果，如有需要也可配以中英文对照。

菜单材料

制作菜单一般选用美观耐用、成本合理的材料，如长期使用，可选择重磅的涂膜纸、铜版纸、亚粉纸等。由于各地纸张质地差异大，在选择纸张时要具体情况具体分析，必要时也可向专业人士咨询。随着时代发展，电子菜单逐步在餐馆推广使用，还有一些人工智能的3D菜单在引领潮流。

菜单插页颜色

中小型餐馆的纸质菜单的插页大多颜色丰富，有橙色、紫色、大红、墨绿、深蓝等。有的插页以白色为主调，再配以浅粉、米黄等色。不同设计风格的装饰菜单插页，只要与餐馆定位吻合，就都能为餐馆增添色彩。

对计划开的餐馆的菜单设计进行评估

自评	他评

粤菜师傅 实战项目结构布局图

特别推荐：本书图文并茂、多情景呈现，同时兼顾游戏线索互动与学习引导，既适合具备餐饮专长的创业者学习借鉴，也可作为粤菜餐饮爱好者与各类小微投资创业者的入门指引，更是职业院校与技校学生进行餐饮创业尝试的培训教材。

关键业务（我要做什么）

客户关系（如何与关联者打交道）

核心资源（我拥有什么）

渠道通路（传递、支付、宣传）

价值服务（我怎样才能帮到我要帮的人）

重要合作（谁能够帮到我）

客户群体（我能帮助谁）

收入来源（我能得到什么）

成本结构（我要付出什么）

好项目具备的条件

好项目具备的条件

雇佣人数少，交易人数多

拥有的资产少，支配的资产多

能持续保障充裕的现金流

动力机制强，容易调动资源

能打破成长空间和资源能力的约束

收益来源丰富，收益能持续递增

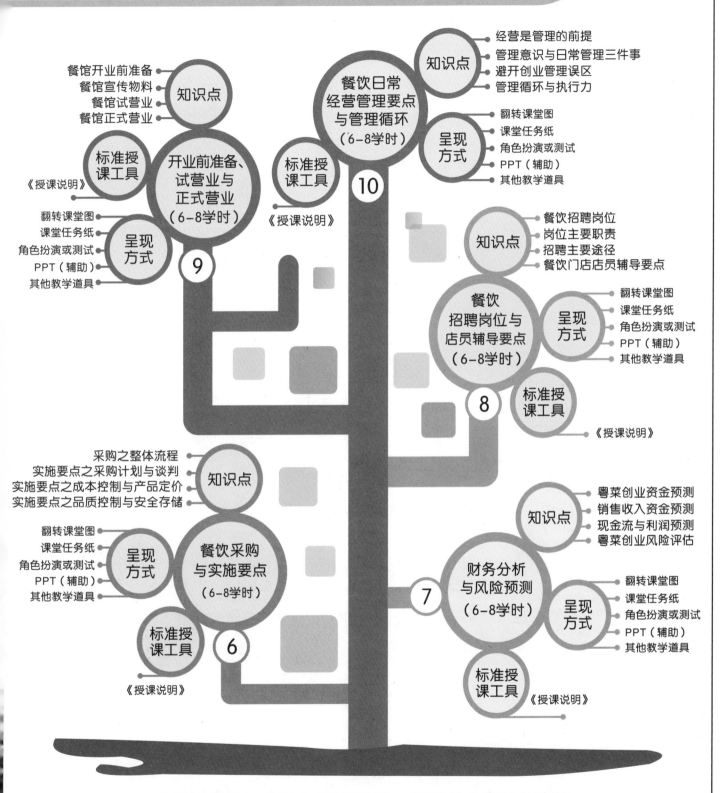

第二阶段：粤菜创业实战与演练

知识点（餐饮日常经营管理要点与管理循环）
- 经营是管理的前提
- 管理意识与日常管理三件事
- 避开创业管理误区
- 管理循环与执行力

呈现方式
- 翻转课堂图
- 课堂任务纸
- 角色扮演或测试
- PPT（辅助）
- 其他教学道具

餐饮日常经营管理要点与管理循环（6—8学时） 10

知识点（开业前准备）
- 餐馆开业前准备
- 餐馆宣传物料
- 餐馆试营业
- 餐馆正式营业

标准授课工具
- 《授课说明》

呈现方式
- 翻转课堂图
- 课堂任务纸
- 角色扮演或测试
- PPT（辅助）
- 其他教学道具

开业前准备、试营业与正式营业（6—8学时） 9

标准授课工具
- 《授课说明》

知识点（餐饮招聘岗位与店员辅导要点）
- 餐饮招聘岗位
- 岗位主要职责
- 招聘主要途径
- 餐饮门店店员辅导要点

呈现方式
- 翻转课堂图
- 课堂任务纸
- 角色扮演或测试
- PPT（辅助）
- 其他教学道具

餐饮招聘岗位与店员辅导要点（6—8学时） 8

标准授课工具
- 《授课说明》

知识点（餐饮采购与实施要点）
- 采购之整体流程
- 实施要点之采购计划与谈判
- 实施要点之成本控制与产品定价
- 实施要点之品质控制与安全存储

呈现方式
- 翻转课堂图
- 课堂任务纸
- 角色扮演或测试
- PPT（辅助）
- 其他教学道具

餐饮采购与实施要点（6—8学时） 6

标准授课工具
- 《授课说明》

知识点（财务分析与风险预测）
- 粤菜创业资金预测
- 销售收入资金预测
- 现金流与利润预测
- 粤菜创业风险评估

呈现方式
- 翻转课堂图
- 课堂任务纸
- 角色扮演或测试
- PPT（辅助）
- 其他教学道具

财务分析与风险预测（6—8学时） 7

标准授课工具
- 《授课说明》

《粤菜创业10步法》第二阶段：粤菜创业实战与演练
6—10步情景式可视化训练　30—40学时（每个学时45分钟）

粤菜创业第六步：餐饮采购与实施要点（6—8学时）；粤菜创业第七步：财务分析与风险预测（6—8学时）；粤菜创业第八步：餐饮招聘岗位与店员辅导要点（6—8学时）；粤菜创业第九步：开业前准备、试营业与正式营业（6—8学时）；粤菜创业第十步：餐饮日常经营管理要点与管理循环（6—8学时）。本思维导图供老师备课参考和学员预习使用。

粤菜创业第六步

餐饮采购与实施要点

6—8学时

一、餐饮采购九环节

（一）采购九环节之流程

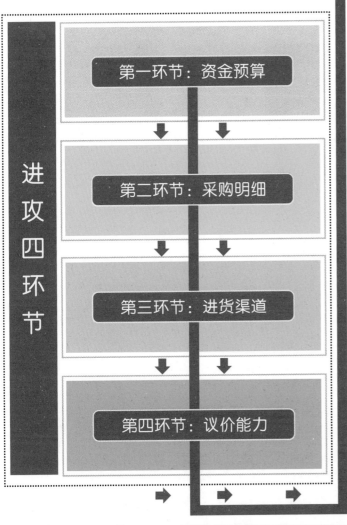

进攻四环节

第一环节：资金预算

第二环节：采购明细

第三环节：进货渠道

第四环节：议价能力

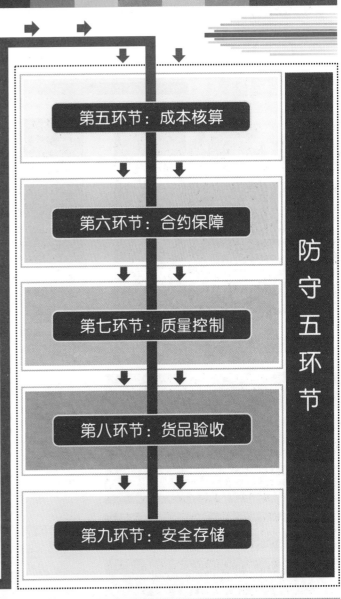

防守五环节

第五环节：成本核算

第六环节：合约保障

第七环节：质量控制

第八环节：货品验收

第九环节：安全存储

餐饮采购九环节中的"长与短"评估

| 自评 | 他评 |

■ （二）餐饮采购九环节是以结果为导向环环相扣的

1. 什么是结果?

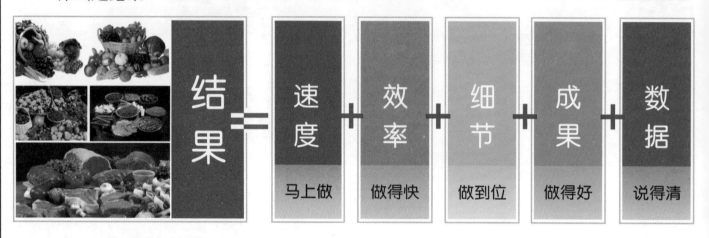

结果 ＝ 速度 ＋ 效率 ＋ 细节 ＋ 成果 ＋ 数据

马上做　做得快　做到位　做得好　说得清

2. 如何判断采购结果?

采购成本控制率	采购成本控制率 = 实际采购金额之和÷预算采购金额之和×100%
主要物料合格率	物料合格率 = 合格批次÷送检批次×100%
原料与物料采购及时率	采购及时率 = 及时采购批次÷采购总批次×100%
采购费用控制率	采购费用控制率 = 当期实际费用÷当期预算费用×100%
新供应商增加数	新供应商:新发生三次业务往来,合格,且达到一定交易规模。

如何评估采购当中的"以结果为导向"?

自评　　他评

■ 二、餐饮采购实施要点

■ （一）采购的重要性

1. 餐馆有没有特色首先反映在采购的食材上

眼光是金，特色是宝

特色食材	特色调料	特色烹饪方式

一些菜肴特色来自特色食材，如野生水产，深山菌类，农村放养的土鸡、土鸭，新鲜有机蔬菜等。特色食材要与乡村资源结合。	食材采购回来后，自制一些有自家特色的调味品，如酱萝卜、酸萝卜、泡椒、炒鸡底料、调味酱汁等，口味让别家难以复制。	采购食材要和餐馆特色烹饪方式衔接，关系到原料是先煸炒、汆水还是过油，放调味品的先后顺序，菜品增色增香的特色方法等。

2. 餐馆采购关系着餐馆的竞争力状况和能否持续经营等情况

采购影响竞争和经营的相关要素

成本核算	菜品定价	菜品质量	供应的稳定性

计划开的餐馆在采购食材方面如何凸显特色？

自评	他评

■（二）采购计划要点

1. 询价制度的建立是采购计划的基础

餐馆要根据自身运营特点，制订周期性原料采购计划。在一般餐馆采购计划中，周计划最具备实操性。	对于日常价格相对稳定的菜品要实行询价制、月价制，及时发现市场价格变动情况，同时开发时令菜肴，丰富菜品。	为了使制定的各种食品原料的规格既符合市场供应，又满足厨房生产需求，厨房管理人员必须从餐馆实际出发，编制餐馆原料采购明细单。

2. 采购计划单

［根据餐馆实际情况，按一个类别一张的原则，填写以下采购计划单（参考），表格不够自行增加。］

采购类别（打勾）	□米油类　□鸡鸭类　□鱼类　□海鲜类　□蔬菜类　□肉类　□米粉类　□豆制品类					
	□调料类　□餐具类　□桌椅类　□设备类　□办公用品类　□其他 _____					
供应商		地址		电话		
序号	具体名称	数量（单位）	规格	采购单价	采购总额	采购完成日期
备注						

计划制订：　　　（签字）	计划审核：　　　　（签字）	计划批准：　　　　（签字）
制订时间：	审核时间：	批准时间：

■（三）采购渠道要点

拟定采购渠道后，实体渠道要实地考察，电商渠道要多方考察，了解品种、价格、质量、服务、信用、供货稳定性，并采集货样。

实体进货渠道 （实地考察不少于20家）	电商进货渠道 （垂直和综合电商平台不少于10家）
列出以下餐馆采购实体进货渠道的名称，并进行实地考察。 大型商超和会员店 批发市场和农贸市场 餐饮原材料专业公司 特色食材专卖渠道	国内电商渠道 垂直电商平台 —— 综合电商平台 跨境电商渠道 垂直电商平台 —— 综合电商平台

■（四）采购谈判要点

交换 ◀

谈判的本质是什么？

1.采购谈判流程

第一步：摸底	第二步：询价	第三步：比价	第四步：谈判目标	第五步：谈判

摸底就是多方了解情况、实地考察等。	询价就是在多方摸底前提下，让多方报价。	比价就是比较不同商家的同类产品价格。	要明确希望通过谈判来达成什么目标。	双方或多方谈判，交易量大通常多轮磋商。

2. 确定谈判方针和谈判要谈成的主要内容

确定采购谈判方针	（请在右边选择适合的选项打"√"，重点思考和落实如何解决。）	☐ 确立希望通过谈判达到的目标 ☐ 为谈判搜集具有重大影响的事实 ☐ 识别自身实际情况和问题 ☐ 分析双方的优势 ☐ 确定自己在每个问题中的位置 ☐ 估计供应商在每个问题中的位置 ☐ 制定具体谈判策略

采购谈判要谈成的主要内容

（请根据自身的实际情况，在以下选项中选择适合的打"√"，思考和落实如何谈成。）

☐ 货品交易质量　　☐ 货品交易数量　　☐ 货品供给价格　　☐ 交货时间和交货要求
☐ 包装要求　　☐ 支付条件　　☐ 付款方式　　☐ 运输方式与运输责任　　☐ 特别条款
☐ 供货稳定保障　　☐ 价格涨幅控制　　☐ 违约责任　　☐ 合作期限　　☐ 纠纷解决方式
☐ 其他_____

特别条款包括：是否给予结算账期？结算账期多少？是否翻单结算？多久翻单？

■（五）采购价格与菜品定价要点

1. 采购价格的种类

采购价格一般受成本、市场供给与需求、交易条件等因素影响，采购价格主要有以下种类：

送达价	自提货价	现金价	现货价
供应商的报价中包括将货品送到采购方指定地点期间发生的各项费用。	供应商的报价中不包括运送费用，由采购方自己准备交通工具，自行提货。	采购方以现金或相等的方式支付货款。	每次交易时，购销双方重新议定价格，完成交易即告终止。

净价	毛价	实价	合约价
净价是供应商实际收到的货款，购销双方不再支付任何交易过程中的费用。	毛价是供应商在报价中，考虑折让因素后的价格。	实价是采购方实际支付的价格。	合约价是购销双方按事先议定的价格进行交易。

2. 菜品在成本核算基础上的定价要点

成本核算主要由三部分构成

原材料成本	人工成本	制造成本

原材料成本主要指菜品构成的原材料进货成本（含损耗）。	餐馆人员所有人工费用（含工资、福利、奖金等），按月销售菜品数量摊入到每个菜品中去。	调料费、油米费、煤气费、设备折旧费、房屋折旧费或租金、管理费等。

以成本核算为基础的菜品定价法

以成本核算为基础的定价法是餐馆最常用的定价方法。除此之外，还可以采用多种方法定价，如附加定价常数法、晕轮定价法、本量利综合定价法、撇脂（高价）定价法、薄利多销法等。

成本定价法公式 A =（原料成本 + 人工成本 + 制造成本）×（1+利润率）

成本定价法公式 B =（原料成本 + 人工成本 + 制造成本）÷（1−利润率）

- 按成本定价法定价指制定的菜品价格既要保证有相当的利润率，又要有一定的市场竞争优势。
- 餐馆的利润率通常为40%—60%。

计划开的餐馆菜品成本核算评估

自评	他评

■（六）采购质量控制要点

1.供应商资质

供应商要有和供应货品相应的营业执照（定期年检），有固定的经营场所，有对应的上级管理部门等。

2.相关检验证书

供应商要提供相应的检验合格证，如肉类、油类、蔬菜类等，确保食品安全。

3.正规合法渠道

供应商上游渠道要合法、正规，进口食材要有海关报关和检疫材料，杜绝走私等不合法渠道。

4.贮存方法和保质期

贮存方法和保质期直接影响到食材质量，食材质量直接影响菜品出品，与其环环相扣、息息相关。

■（七）采购验收要点　要建立采购三方验收机制，关键是确定验收标准，防止自购自验。

采购验收单

供应商名称			交货方式		交货时间	
序号	名　称	质量要求	数量要求	验收标准		是否合格
备注						

采购人员：　　　（签字）	使用部门：　　　（签字）	门店店长：　　　（签字）
制订时间：	审核时间：	批准时间：

■（八）安全存储要点

安全存储包括安全存储策略、安全存储条件（防火、防盗、防水灾，干净、卫生）、安全存储货架、安全存储规范、安全存储量、安全存储系统管理等。具备方法参考如下：

1. 鱼类、肉类储存法

鱼除去鳞鳃内脏，冲洗清洁，沥干水分，以清洁塑胶袋套好，放入冷藏库（箱）冻结层内，但不宜存放太久。

肉类和内脏清洗后沥干水分，装于清洁塑胶袋内，放在冻结层或保鲜柜内，不要储放太久。若要碎肉，应将整块肉清洗沥干后再绞，视需要分装于清洁塑胶袋内，放在冻结层。假若置于冷藏层，时间最好不要超过24小时；解冻过的食品，不宜再冻结储存。

2. 豆乳蛋类储存法

干豆类略加清理后保存，青豆类应漂洗后沥干，放在清洁干燥容器内。豆腐、豆干类用冷开水清洗后沥干，放入冰箱下层冷藏，并应尽快用完。

瓶装鲜奶最好一次用完，未开瓶之鲜奶若不立即饮用，应放在5℃以下冰箱贮藏。乳粉以干净的匙子取用，用后紧密盖好，仍要尽快使用。奶油可冷藏1至2周，冷冻2个月。

蛋擦净外壳，钝端向上置放在冰箱蛋架上。新鲜鸡蛋可冷藏4至5周，煮过的蛋1周，不可放入冷冻室。一旦发现品质不良，即刻停止使用。

3. 蔬菜类储存法

蔬菜类除去败叶尘土及污物，保持干净，用纸袋或多孔的塑胶袋套好，放在冰箱下层或阴凉处，趁新鲜食用，存放愈久，营养损失愈多。

冷冻蔬菜可按包装上的说明使用，不用时保存于冰冻库，已解冻者不再冷冻。在冷藏室下层柜中整棵未清洗过的，可放5至7天，清洗过沥干后，可放3至5天。

4. 谷类、薯类储存法

谷类放在密闭、干燥容器内，置于阴凉处。勿存放太久或放于潮湿之处，以免虫害及发霉。

生薯类处理整洁后，用纸袋或多孔塑胶袋套好并放在阴凉处。

5. 水果类储存法

水果类先除去尘土及外皮污物，保持干净，用纸袋或多孔的塑胶袋套好，放在冰箱保鲜层或阴凉处，趁新鲜食用，存放愈久，营养损失愈多。

去果皮或切开后，应立即食用，若发现品质不良，即停使用。

水果打汁后，维生素容易氧化，应尽快饮用。

6. 油脂类储存法

油脂类勿让阳光照射，勿放在火炉边，不用时盖好罐盖，置于阴凉处，不要存放太久，最忌高温与氧化。

用过的油须过滤（尽快更换），不可倒入新油中。

发现油脂颜色变黑、混浊不清、有气泡等情况，不可再使用。

7. 腌制类储存法

腌制类食品开封后，如发现变色变味或组织改变，立即停止使用。

先购入的腌制品置于上层，以便于取用。腌制品注意密封，避免蟑螂、老鼠啃食。

使用过的腌制品储放在干燥阴凉通风处或冰箱内，不得存放太久，应尽快用完。

8. 调料品储存法

调料品储放在阴凉干燥处或冰箱内，不宜存放太久，先购者先用。

拆封后尽快用完，若发现品质不良，立即停止使用。

蕃茄酱未开封的不放冰箱，可保存1年，开封后应放在冷藏室，尽快用完。

沙拉酱未开封的不放冰箱，可存放2至3个月，开封后应放冰箱冷藏，尽快用完。

花生酱放冰箱，勿过保质期。

粤菜创业第七步

财务预测与风险分析

6—8学时

■ 一、粤菜创业财务预测

■ （一）财务预测与餐馆经营息息相关

1. 创业与经营都和数字高度相关

创业与经营必须涉及的三件事

卖什么？

卖什么是产品模式，对餐馆而言，菜品的品类和特色是非常重要的。有的门店一个脱骨鸡都能卖到爆。

怎么卖？

怎么卖是销售模式、营销推广模式，关键是餐馆如何引流。创新是这个时代的特点，5D餐桌就是一个例子。

怎么算？

怎么算是利润模式，对餐馆而言，就是成本如何核算，毛利率和利润率该如何设定，菜品如何定价等。

- 无论是首次创业还是二次创业，凡是涉及经营层面的都是与数字高度相关的，因此要做到心中有数。
- 经营一个餐馆，如果不知道每个月、每个季度、每年的经营数据在哪个区域变化，作为经营者是不合格的。
- 制订创业计划书时预测的数据和现实差距如何，需要通过经营来检验。

2. 投资规划、成本计算、菜品定价都与财务预测紧密关联

粤菜创业1—10步就是一个可实施的创业计划书形成的过程，核心是为经营做准备

与数字高度关联的部分回顾	第二步关于投资规划与投资费用预算的内容（第26—28页）	第三步关于商圈调查与门店选址数据的内容（第36—41页）	第六步关于成本核算结构与菜品价格的内容（第72—75页）

第七步关于餐饮财务预测的内容

餐馆财务预测之数据来源的评估

自评	他评

■（二）启动资金预测之主要表格

1. 启动资金预测之开办费

启动资金预测之餐馆开办费预测			
餐馆名称		地址	
序号	项 目	费用（元）	相关内容描述
	合计金额		

说明	开办费包括：市场调查费、差旅费、签约首付租金（租赁门店填写）、押金或保证金、门店装修费、注册费用（办理工商证照、刻公章和发票专用章等）、平台开发费、咨询服务费、前期宣传推广费等。

计划制订： （签字） 制订时间：	财务审核： （签字） 审核时间：	负 责 人： （签字） 批准时间：

计划开的餐馆开办费用准备之评估

自评	他评

2. 启动资金预测之资产投资

（1）资产投资之场地与建筑物

序号	名　称	数　量	单　位	单　价	单项总额	相关内容描述
	合计金额					

说明	资产投资之场地与建筑物包括：购买土地、购买店铺、购买或自建建筑之装修等。

计划制订：　　　　（签字） 制订时间：	财务审核：　　　　（签字） 审核时间：	负 责 人：　　　　（签字） 批准时间：

（2）资产投资之餐馆运输和办公设备

序号	名　称	数　量	单　位	单　价	单项总额	相关内容描述
	合计金额					

说明	餐馆运输与办公设备包括：货运、接待等车辆的购买（根据实际需要和条件购置），办公相关设备（如办公桌椅、电脑，其他办公器材）等。

计划制订：　　　　（签字） 制订时间：	财务审核：　　　　（签字） 审核时间：	负 责 人：　　　　（签字） 批准时间：

（3）资产投资之餐馆日常营业和厨房日常运营设施

序号	名 称	数 量	单 位	单 价	单项总额	相关内容描述
	合计金额					

说明	● 餐馆营业设备包括桌椅、空调、收银系统和设备、厨房设备等。厨房设备包括冰箱、冰柜、消毒碗柜、炉灶、打荷台、砧板、不锈钢碗盆、锅铲、客人用碗筷等。具体厨房设备参见第83页列表。 ● 此表一页不够可复制多张，供填写使用。

计划制订： （签字）	财务审核： （签字）	负 责 人： （签字）
制订时间：	审核时间：	批准时间：

厨房日常运营设施明细表

（根据计划开餐馆的实际情况，在以下选项中选择适合的打"√"。）

厨房设备类

□ 排风管道　□ 排烟设备　□ 连续油炸机　□ 餐具浸槽
□ 自动炒锅　□ 刀板杀菌柜　□ 米饭生产线　□ 翻转锅
□ 翻转锅操作台　□ 回风烤箱　□ 多功能烤箱　□ 洗槽
□ 洗涤盘　□ 保管箱　□ 储存柜　□ 存放架　□ 餐车
□ 五金架、杆、钩　□ 调料盒、箱　□ 架炊具架

厨房器械类

□ 洗碗机　□ 洗菜机　□ 饺子机　□ 压面机　□ 和面机
□ 饺肉机　□ 切肉机　□ 洗米机　□ 面点机　□ 刨冰机
□ 榨汁机　□ 搅拌机　□ 豆浆机　□ 甜筒机　□ 咖啡机
□ 冰激凌机　□ 真空冷却机　□ 其他 _____

厨房炊具类

□ 炒锅　□ 炒勺　□ 蒸锅　□ 汤锅　□ 砂锅　□ 火锅
□ 平底锅　□ 不粘锅　□ 蒸笼　□ 蒸箱　□ 高压锅
□ 其他 _____

厨房餐具类

□ 陶瓷餐具　□ 塑料餐具　□ 不锈钢餐具　□ 竹木餐具
□ 金银餐具　□ 铜锡餐具　□ 金漆餐具　□ 西餐具
□ 中餐具　□ 酒具　□ 茶具　□ 咖啡具
□ 其他 _____

厨房炉灶类

□ 抽油烟机　□ 燃气灶　□ 油炉　□ 汽炉　□ 电炉
□ 烤炉　□ 酒精炉　□ 木炭炉　□ 其他 _____

厨房电器类

□ 电饭煲　□ 微波炉　□ 开水器　□ 电磁炉　□ 消毒柜
□ 冰箱　□ 冰柜　□ 冷藏柜　□ 净水机　□ 饮水机
□ 排风扇　□ 排风扇　□ 厨房电器材料及配件　□ 其他 _____

厨房橱柜类

□ 不锈钢橱柜　□ 木质橱柜　□ 防火板橱柜　□ 钢板橱柜
□ 整体橱柜　□ 整体厨房　□ 集成厨房　□ 橱柜台面
□ 板材及配件　□ 其他 _____

厨房附属设施及用品

□ 餐厅桌椅　□ 吧台桌椅　□ 水龙头　□ 桌布　□ 台布
□ 照明灯具开关　□ 装饰品　□ 水果篮　□ 蔬菜筐
□ 其他 _____

3. 启动资金预测之原材料采购流动资金

原材料采购之流动资金预测

序号	名　称	数　量	单　位	单　价	单项总额	相关内容描述
	合计金额					

说明：原材料流动资金预测以月为单位，启动期准备1—3个月原材料流动资金。此表如不够，可复制多张或重新编制表格。

■（三）销售收入与成本预测之主要表格

1. 销售收入预测之销售收入预测表

预测年度

品名 / 小项 / 月份	1月	2月	3月	4月	5月	6月	7月	8月	9月	10月	11月	12月	合计
销售数量													
平均含税价													
月销售额													
销售数量													
平均含税价													
月销售额													
销售数量													
平均含税价													
月销售额													
销售数量													
平均含税价													
月销售额													
销售数量													
平均含税价													
月销售额													
销售数量													
平均含税价													
月销售额													
销售数量													
平均含税价													
月销售额													
销售数量													
平均含税价													
月销售额													
销售数量													
平均含税价													
月销售额													
销售数量													
平均含税价													
月销售额													
现金销售收入													
销量增长率													

说明：以上为计划开的餐馆以年度为单位的主要菜品销售收入预测。此表如不够，可复制多张或重新编制表格。

2. 销售成本计划之运营成本预测表

类别 \ 小项 / 月份		1月	2月	3月	4月	5月	6月	7月	8月	9月	10月	11月	12月	合计
成本项目1	原材料													
成本项目2	店租													
成本项目3	水电费													
成本项目4	工资													
成本项目5	折旧费													
成本项目6	摊销													
成本项目7	营销推广费用													
成本项目8	通讯网络费													
成本项目9	运杂费													
成本项目10	办公费及耗材													
成本项目11														
成本项目12														
成本项目13														
成本项目14														
成本项目15														
以上成本合计														

● 无形资产价值和开办费用等，可按年度分摊在每月中。

说明：以上为计划开的餐馆以年度为单位的运营成本预测。此表如不够，可复制多张或重新编制表格。

■（四）利润计划之利润预测表

类别 / 月份	1月	2月	3月	4月	5月	6月	7月	8月	9月	10月	11月	12月	合计
净销售收入													
月运营成本													
月利润													
企业所得税（公司）													
个人所得税													
净利润（税后）													

说明：以上为计划开的餐馆以年度为单位的利润预测。此表如不够，可复制多张或重新编制表格。

根据上页"利润预测表"相关数据，绘出1—12月净利润税后曲线图。

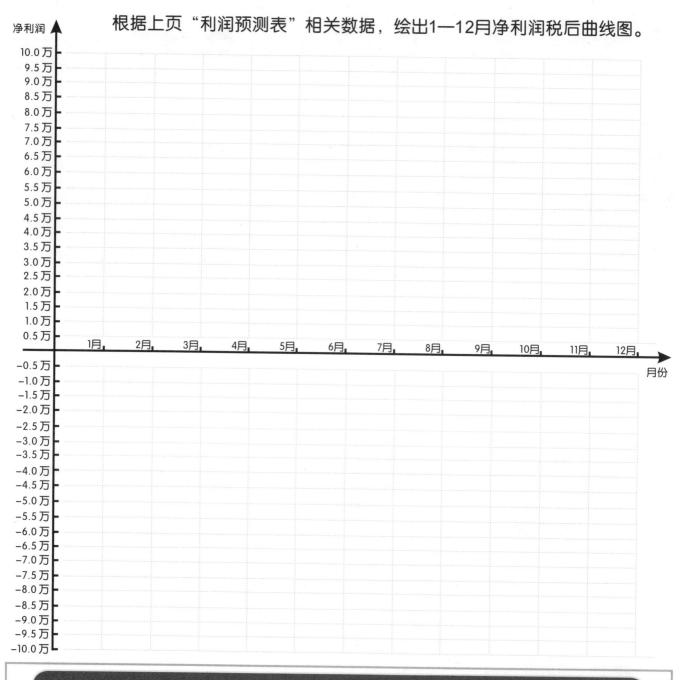

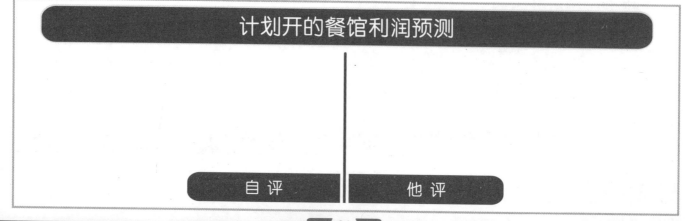

计划开的餐馆利润预测

自评　　　　　他评

■（五）现金流量计划之现金流量预测表

预测年度

类别 \ 小项 \ 月份		1月	2月	3月	4月	5月	6月	7月	8月	9月	10月	11月	12月	合计
现金流入	月初现金													
	现金销售收入													
	赊账收入													
	贷款													
	借款													
	其他现金流入													
	可支配现金（A）													
现金流出	原材料													
	房租													
	水电费													
	煤气费													
	工资													
	通信网络费													
	办公费及耗材													
	场地投资													
	设备投资													
	开办费													
	押金													
	税金													
	流动备用金													
	其他费用													
	现金总支出（B）													
月底现金（A-B）														

- 现金流预测不可为负数。在以上现金流预测表中，如有月份出现现金流为0的情况，要提前筹集资金，避免现金流断裂。
- 餐馆在一段时间内可以亏本经营，也可以负债经营，但账面一定要有足够的钱维持正常经营。

说明：以上为计划开的餐馆以年度为单位的现金流量预测。此表如不够，可复制多张或重新编制表格。

计划开的餐馆现金流量预测

自评　　　　　　　　他评

二、风险分析

（一）企业经营可能会有哪些风险？

- 企业经营风险，就是企业经营中未来的不确定性因素对企业实现其经营目标的影响。
- 开设餐馆也是企业经营的一种类别，因此把餐馆经营风险放在企业经营风险中去探讨。

1. 市场风险	2. 产品风险	3. 经营风险	4. 投资风险

决定市场变化的是供给和需求之间的关系，没有准确的项目定位，可能缺乏经营策略和目标消费人群错位。	产品没特色吸引不了客群，产品质量不稳定会流失客群，产品的安全隐患会引发事故风险，等等。	经营管理水平不匹配，销售收入不能持续稳定，现金流和资金链出现断裂，这些都会引发经营风险。	投资涉及市场容量、赢利模式、经营团队、管理模式、市场地位、业绩指标等，因此投资本身就一种风险。
5. 用人风险	6. 灾害及事故风险	7. 事件与公关风险	8. 融资和合伙风险

经营企业必然要用人，用人的前提是识人。看人错了，就会用错人，用错人就会做错事，做错事就容易走向不归路。	台风季节，沿海城市的一些门店有受灾风险，山区农家乐可能会有遭遇泥石流的风险，餐馆厨房存在火灾隐患等。	经营中因为自身存在的一些问题或由于误解造成的投诉事件，如果处理不当，可能会引发严重后果。	借助资本的力量可能能使项目进展更快，但也存在各种风险，如股权稀释导致失去话语权，急功近利、杀鸡取卵等。

计划开的餐馆风险评估

自评	他评

■（二）企业和项目融资渠道有哪些？

1.债务融资
此类融资需要还本付息
要避免"套路贷""断头贷""高利贷"陷阱

银行贷款

民间借贷

发行企业债券

拆借

典当

融资租赁

2. 股权融资
股权融资不需要还本付息，只需要在企业盈利的情况下分红，有的需让渡企业的管理权。

风险投资

私募股权

增资扩股

员工持股

公开募股

■（三）如何识别不靠谱的合伙人？

1 没钱还乱约创业者

2 已经投资了你的对手，还把你叫过去问数据

3 集体决策，拖而不决

4 先签排他协议，再拦腰砍价

5 没创过业的创业导师自诩专家，事事都要管

6 条款眼花缭乱还带英文，陷阱炸弹暗藏其中

7 表面讲格局，暗地要利益

8 自以为是地搞出一堆对赌条款

9 吹嘘背景关系，实际形同骗子

10 威胁恐吓，要求估值打折

讲述一个面见投资人的故事并给予评价

| 自评 | 他评 |

粤菜创业第八步

餐饮招聘岗位与店员辅导要点

6—8学时

■ 一、餐馆人员招聘岗位

■ （一）餐馆人员招聘计划

Recruitment Plan

1. 了解计划开的餐馆需要的人员岗位名称

（请根据计划开餐馆的实际情况，在以下所列选项中，选择适合的人员岗位打"√"。）

□ 岗位01：店长　　　□ 岗位02：餐厅经理　　　□ 岗位03：厨师长（总厨）

□ 岗位04：厨师　　　□ 岗位05：水台　　　□ 岗位06：面点师　　　□ 岗位07：砧板

□ 岗位08：打荷　　　□ 岗位09：服务员　　　□ 岗位10：点菜员　　　□ 岗位11：传菜员

□ 岗位12：收银员　　　□ 岗位13：凉菜负责人　　　□ 岗位14：渔佬　　　□ 岗位15：洗碗工

□ 岗位16：择菜工　　　□ 岗位17：保洁员　　　□ 岗位18：保安员　　　□ 岗位19：仓库保管员

□ 岗位20：采购员　　　□ 岗位21：设备维修工　　　□ 岗位22：　　　□ 岗位23：

□ 岗位24：　　　□ 岗位25：　　　□ 岗位26：　　　□ 岗位27：

2. 餐馆人员招聘计划　　　所在城市　　　　所在城市最低工资标准

招聘岗位名称	年龄	性别	人数	行业岗位平均工资	招聘基本薪资	薪资合计	到岗时间

说明：餐馆计划招聘岗位根据实际需要填写，如本表格不够，可自行复制多张或重新编制表格。

■ （二）餐馆重要岗位之店长测试 （对以下题进行判断，在每题的三个选项中，选适合的一个打 "√"。）

在学习粤菜创业第三步的时候，我们讲过粤菜创业开店四大法宝（本书第38页）：门店选址、门店选人（关键是选店长）、菜品特色和门店培训。选对店长是餐馆人员招聘的重中之重，以下是1—5星级店长识别和测试题：

序号	题 目 内 容	完 全 做不到	部分 做到	完全 做到
01	我能对餐馆的销售目标制订提出合理建议，并能将目标有效分配与下达。			
02	对于餐馆的业绩下滑，我能和店员们一起分析出原因，有针对性地改进。			
03	我能发现餐馆的安全隐患，杜绝安全事故的发生。			
04	对于餐馆的现金管理，我能做到安全与准确。			
05	我在召开餐馆晨会的时候总是激情四射，能调动大家的积极性。			
06	对于餐馆食材、原料和货品的进货，我能提出合理化的建议。			
07	我明白店长就是矛盾的聚集体，所以我会主动协调店员之间的矛盾。			
08	我能主动与有困惑、不良情绪的店员沟通，帮助他们调整情绪并辅导他们成长。			
09	我能做好自我压力缓解，并能自我激励。			
10	我能组织店内员工进行头脑风暴，针对性解决店里的相关重要问题。			
11	我能对自己的职业生涯进行规划，知道自己的下一个职业目标在哪里。			
12	我会有计划地在工作中辅导店员的销售技巧、服务技巧和其他能力。			
13	当餐馆需要对外接洽时，我总能找到最好的方法对外沟通，有效应对。			
14	我能有效地组织店里的促销活动，并推进销售目标的达成。			
15	我能对餐馆的重要的会员顾客进行有效的管理，持续增加此类顾客的消费金额。			
16	我能组织餐馆的员工派单宣传，培训店员派单技巧，并提高宣传转换率。			
17	我能组织餐馆VIP顾客参加活动，提升餐馆VIP顾客的回头率与满意度。			
18	我明确老板更看重的是结果，而非仅仅阐述整个过程。			
19	我把自己当成餐馆的经营者看待，会抓餐馆核心问题，明白经营是管理的前提。			
20	我明白店长是主动承担责任的人，如果餐馆出现任何过失，我会勇于承担责任。			

说明：1—4题完全做到为一星级店长；1—6题完全做到为二星级店长；1—11题完全做到为三星级店长；1—17题完全做到为四星级店长；1—20题完全做到为五星级店长。

餐馆招聘店长之情况评价

自评   他评

■ （三）餐馆重要岗位之餐厅经理主要岗位职责

本职工作：为顾客在餐饮期间提供服务。

1. 每周定期主持餐厅例会，参加与餐馆有关餐饮服务业务会议，及时传达上级相关指示。

2. 在工作程序上做好与厨房等相关部门的横向联系，并及时对部门间争议提出界定要求并沟通解决。

3. 制订餐馆的餐厅年度工作目标和计划，根据分解指标做出餐厅月度预算及月度工作计划，报批后执行。

4. 负责制订餐馆的订餐厅工作程序和规章制度，向上报批后执行。

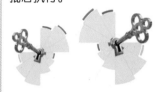

5. 制订餐厅相关工作岗位描述，并界定其工作范围。

6. 制订餐馆内餐厅各岗位技能培训计划及负责相关工作流程的培训，跟进检查工作。

7. 受理直接下级员工上报的相关合理化建议，并按照流程和程序进行处理。

8. 在自己的职权和工作范围内，向直接下属授权，并布置和考核其工作任务。

9. 巡视、监督、检查餐馆内餐厅每日之工作，并对每个小组工作做出评价。

10. 随时了解餐馆之餐厅工作情况和掌握相关销售数据。

11. 根据餐厅工作需要，调配直接下级工作岗位，报上级批准后执行。

12. 根据上级安排，参与餐馆对外相关的合同洽谈、拟定和签约。

13. 填写餐厅各小组负责人过失单和奖励单，审批其上报的过失单和奖励单，按照相关流程执行。

14. 对自己所属下级工作中产生的相关争议，及时了解情况并做出裁决。

15. 关心餐馆所属之餐厅员工的思想、工作和生活。

16. 按照餐馆相关规定，定期向上级述职。

餐馆招聘餐厅经理之情况评价

自评　　　　　他评

■（四）餐馆重要岗位之厨师长（总厨）主要岗位职责

1. 严格遵守《食品卫生法》的相关规定以及厨房卫生制度，保证食品安全，防止食物交叉污染，杜绝食物中毒事故。

2. 认真执行上级下达的任务，协助店长搞好中厨各岗点的管理工作。

3. 制订厨房各岗位的操作规程及岗位职责。

4. 根据餐馆特点和目标消费者的饮食习惯，制订菜单和菜谱。听取客人意见，了解销售情况，不断改进和提高菜品质量。

5. 熟悉和掌握货源，制订餐料、食材的订购计划，控制餐料、食材的进货和领取。经常检查餐料、食材的库存情况，防止变质和短缺。

6. 合理使用原材料，控制菜式的出品、规格和数量，在保证质量的前提下，减少损耗，降低成本。

7. 合理安排厨房人力及厨师技术力量，统筹各个环节的工作，到现场指挥、督促检查落实岗位责任制。

8. 根据不同的季节和重大节日，推出时令新菜式，增加花式品种，努力钻研推陈出新，增加菜式的变化，以促进销售和提升餐馆业绩。

9. 掌握厨房设备、设施、用具的使用情况，使之经常处于完好的状态并得到合理的使用。加强厨房日常管理，防止事故发生。

10. 配合餐馆厅面服务，做到每日菜品估清，不漏点、不积压。

11. 定期培训厨师的业务技术，组织厨师学习新技术和先进经验。

12. 全面服从餐馆管理，并严格遵守餐馆制定的各项规章制度。

餐馆招聘厨师长（总厨）之情况评价

自评	他评

■（五）餐馆中式厨房七大分工与厨师岗位主要职责

1. 餐馆中式厨房七大分工

（1）炉头
了解全面的烹饪技术，负责所有菜品的直接烹制，根据人员多少，站第一炒炉的叫头灶，站第二炒炉的叫二灶，依次类推。

（2）砧板
熟悉各种原材料的产地、品质，负责制作半成品，掌握原材料，做好货源计划。一砧板位称为头砧。

（3）蒸锅
蒸锅也叫"上什"，负责扣、熬、炖、煲等菜品的制作，以及鲍鱼、海参等干货的泡发。

（4）打荷
配合炉头师傅完成菜品烹制，进行菜品预加工、添置料头、传递菜料、餐盘装饰、菜品装盘等。

（5）水台
主要负责宰杀各类动物、对水产品进行劏杀、打鳞、清洗及初步加工，帮助厨师预备材料。

（6）点心
负责点心房的日常工作和全面技术管理，食品质量检查和监督，点心房负责人负责指挥出品现场。

（7）烧腊、凉菜
烧腊：制订烧腊技术的培训计划，负责餐馆烧烤、卤菜、腊味的制作。 凉菜：对腌制泡菜、咸菜、凉拌菜、熏酱菜、卤味和烧腊等菜品进行加工制作。

2. 中式厨房厨师岗位主要职责

1. 严格执行《食品卫生法》相关规定，保证食品安全。服从厨师长的工作安排，遵守餐馆和厨房制订的各项规章制度。

2. 根据厨师长的指示，按工作程序和标准做好本岗位原料洗切、加工或烹饪等工作，把好食品质量关，工作过程中如发现食品质量出现问题，应及时向厨师长报告。

3. 积极配合厨师长完成各项任务，并把客人的有关意见及要求及时向厨师长反映。

4. 按质按量快速做出菜肴，保证上菜速度。做好餐前准备工作，注意菜肴烹制过程中的安全与卫生，防止意外发生。

5. 认真学习有关菜单的食品制作方法，保持高档次菜肴的质量。努力提高技术水平，积极参与制作，并提供饮食方面的信息。

6. 控制菜品成本，合理使用各种原材料，严格把关原材料质量。

7. 管理好本岗位厨具、用具和设备，下班前要检查是否关好煤气、水电等开关，以免发生事故。

8. 按要求保持厨房环境、用具和个人卫生。

■ 二、招聘时机与招聘途径

■（一）企业和门店通常在什么时候需要招人？

1. 拓展新业务、开新店	2. 淘汰低效人员	3. 企业实施变革	4. 淘汰平庸不能拖延
	没有达到绩效标准甚至达不到成本线的一定要更换，要有储备人才。 		

■（二）企业和门店招聘有哪些途径？

1. 人才市场	2. 网上招聘平台	3. 通过猎头公司	4. 参加行业会议	5. 随时递送名片

6. 亲朋好友介绍	7. 客户推荐	8. 知名人士推荐	9. 积累行业人脉	10. 行业人才库

计划开的餐馆招聘途径评估

自评	他评

■（三）招聘面试时熟练掌握STAR星星闪烁招聘问话技术

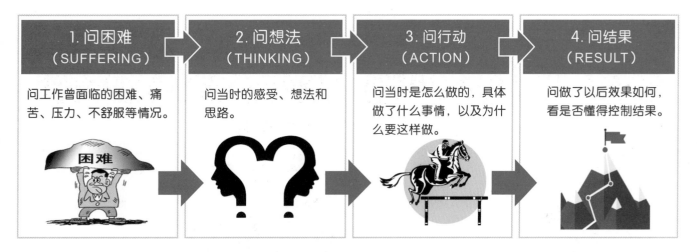

1.问困难（SUFFERING）	2.问想法（THINKING）	3.问行动（ACTION）	4.问结果（RESULT）
问工作曾面临的困难、痛苦、压力、不舒服等情况。	问当时的感受、想法和思路。	问当时是怎么做的，具体做了什么事情，以及为什么要这样做。	问做了以后效果如何，看是否懂得控制结果。

■（四）招进来之后，在使用过程中如何判断人才的走与留？

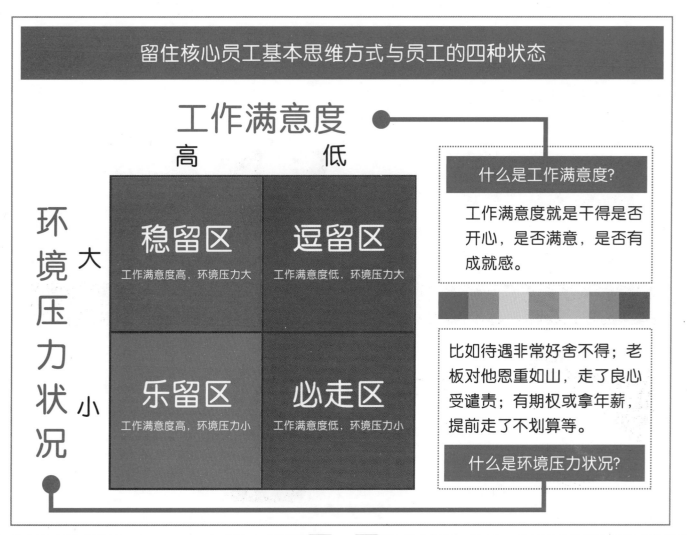

留住核心员工基本思维方式与员工的四种状态

工作满意度

高　　　　低

环境压力状况

大

小

稳留区	逗留区
工作满意度高，环境压力大	工作满意度低，环境压力大
乐留区	**必走区**
工作满意度高，环境压力小	工作满意度低，环境压力小

什么是工作满意度？

工作满意度就是干得是否开心，是否满意，是否有成就感。

比如待遇非常好舍不得；老板对他恩重如山，走了良心受谴责；有期权或拿年薪，提前走了不划算等。

什么是环境压力状况？

三、店员辅导要点

门店员工个性是各种各样的，或多或少都会存在一些问题。面对有问题的员工不能一有问题就解聘，这样容易陷入无人可用的境地，所以掌握一些正确的辅导员工的方法是非常有必要的。

1. 对新进员工辅导要点

（1）对新员工进行培训指导，让新员工知道好的标准。

（2）给新员工选定师傅，让新员工拜师学艺，帮助提升。

（3）平时工作中不放松对新员工的检查、指导和跟进。

（4）以结果为导向，让新员工在工作中茁壮成长。

（5）新员工变成老员工，老再带新，实现良性循环。

2. 对"老油条"员工辅导要点

（1）先弄清是哪一种"老油条"员工。如果是不安心工作，这山望着那山高，还吹阴风、点鬼火、唱反调，这种员工就不是辅导与否问题了，而是去留问题。

（2）对工作喜欢摆老资格的老员工，首先要尊重"打江山"的人；其次，利用制度管理，指出不是店长要求这么做，而是制度要求这么做；最后引入竞争机制，能者上，平者让，庸者下。

3. 对喜欢挑刺的员工辅导要点

（1）喜欢对别人挑刺的员工，内心是很敏感的，要尊重其面子，私下交流。

（2）私下交流时，要和喜欢挑刺的员工明确底线。

（3）和喜欢挑刺的员工平时保持距离，一旦犯错，突破底线立刻追究，绝不能纵容。

4. 对常说"不可能"的员工辅导要点

（1）隔离：将其安排去做同货打交道多的事，而不是同人打交道多的事，以免其负面情绪对别人造成负面影响。

（2）控制：大家监督，一旦其说出"不可能"三个字，让其交水果奖金，努力消除消极话语。

（3）教授方法：让他知道，掌握了对的方法，很多他以为不可能的事都是可以做到的。

5. 对斤斤计较的员工辅导要点

（1）公平在先：制订好公平的游戏规则。

（2）奖惩分明：领导自己要言行一致，说到做到。

（3）注重绩效：让喜欢斤斤计较的员工将"算钱"的劲头转化为"算绩效"，高绩效获得更高的金钱奖励，自然就不会斤斤计较了。

6. 对能力强但态度差的员工辅导要点

（1）要有包容之心，能力很强的员工多半脾气不是太好。

（2）要恩威并重，就像唐僧对待孙悟空一样，既要包容，关键时候又要念紧箍咒。

（3）带其去取经，开阔其视野。让他看到比自己能力更强的榜样，激发战斗欲，不做井底之蛙。

7. 对能力弱但态度好的员工辅导要点

（1）对能力弱但态度好的员工，首先要让其有"企图心"，让他知道业绩比人际关系重要。

（2）在工作中，采用五步法对其进行培训。

第一步，说给他听；
第二步，做给他看；
第三步，让他说给你听；
第四步，让他做给你看；
第五步，让他养成习惯。

8. 有效激励员工的一些技巧和方法

（1）随时真诚赞美。

（2）请有业绩的员工小吃一顿，花钱不多，却有一次交流的机会。

（3）自制亲笔签字的生日卡。

（4）倾听员工建议，公开表扬其建设性意见。

（5）温馨家宴。

（6）新人欢迎会。

（7）拜师仪式。

（8）看望家人。

结合餐馆实际情况对员工辅导方法进行评价

| 自评 | 他评 |

粤菜创业第九步

开业前准备、试营业与正式营业

6—8学时

一、餐馆开业前准备

前面经过了商圈确定、门店选址、门店租赁、门店装修、菜品与菜单设计、原料与设备采购、启动资金预算与财务预测、餐馆人员招聘等诸多环节，餐馆的人、财、物已经基本到位。餐馆即将开业，开业前还需做以下准备：

（一）餐馆经营证照
以下主要介绍个体工商户的证照办理，具体办理以各地相关部门相关规定为准。

1. 餐馆开业前应办理的相关证照和手续

营业执照	餐饮服务许可证	环保审批
营业执照是餐馆开办的最基本条件，办理步骤大致如下： （1）到当地工商部门领一份名称预先核准申请表，按要求填写。填完后持本人身份证和户口本，提交复印件到名称核准处进行查询。 （2）名称核准后，持名称预先核准申请表到名称登记处领名称申批表，按要求进行填写。通过后领证照。	各地食品药品监管部门对餐饮服务环节进行监管，同时办理餐饮服务许可证。 有些地区的食品药品监管部门规定办理餐饮服务许可证仍在卫生局，因此在去办理餐饮服务许可证之前，应咨询当地相关部门，带全各类材料去相关部门进行预约或在现场直接办理。	环保审批是开餐饮店证照办理过程中不可缺少的一个步骤。 环保审批的内容主要包括：油烟污染、废水污染、噪声污染等。 环保审批一般程序是：先到当地环保部门申请办理环评手续，经现场踏勘确定环保评审形式，再按要求提交各类材料到环保部门审批。
以上所列仅供参考，有些步骤可能有简化或调整，以实际办理情况为准。	以上所列仅供参考，以国家相关部门的最新规定和实际办理情况为准。	以上所列仅供参考，以国家相关部门的最新规定和实际办理情况为准。

消防手续	健康证	税务登记证
（1）餐馆经营者向当地消防部门提交申请书及餐馆位置平面图等资料，并领取防火安全重点行业审批表，按相关要求填写。 （2）当地消防部门审核表格通过后，派防火检查员到现场检查验收。 	国家规定，餐饮各类从业人员必须办理健康证，大致步骤如下： （1）餐饮从业人员到当地卫生部门认可的专业医院进行相关体检。 （2）医院出具合格的体验报告后，由当地卫生部门统一办理健康证。 （3）健康证应张贴在餐馆营业执照或餐饮卫生许可证的下方，以便查看。	具备法人资格的企业现在已经"三证合一"（即工商营业执照、组织机构代码证、税务登记证三证合为一证，工商营业执照上有税务登记证号和组织机构代码号）。 个体工商户目前还需要办理税务登记证：自领取营业执照之日起30日内，向当地税务局申请领取地税税务登记证。
以上所列仅供参考，以国家相关部门的最新规定和实际办理情况为准。	以上所列仅供参考，以国家相关部门的最新规定和实际办理情况为准。	以上所列仅供参考，以国家相关部门的最新规定和实际办理情况为准。

2. 了解《餐饮服务食品安全监督管理办法》关于食品安全监督检查人员对餐饮服务提供者的重点检查内容

序号	食品药品监督部门对餐饮服务经营者的重点检查内容
01	餐饮服务许可情况。
02	从业人员健康证明、食品安全知识培训和建立档案情况。
03	环境卫生、个人卫生、食品用工具及设备、食品容器及包装材料、卫生设施、工艺流程情况。
04	餐饮加工制作、销售、服务过程的食品安全情况。
05	食品、食品添加剂、食品相关产品进货查验和索票索证制度及执行情况、制定食品安全事故应急处置制度及执行情况。
06	食品原料、半成品、成品、食品添加剂等的感官性状、产品标签、说明书及储存条件。
07	餐具、饮具、食品用工具及盛放直接入口食品的容器的清洗、消毒和保洁情况。
08	用水的卫生情况。
09	其他需要重点检查的情况。

食品药品监督管理部门在对餐饮服务经营者进行监督检查时，至少有2名食品安全监督人员，向被检查人出示监督证件，说明来意，根据国家法律、规章以及规范的规定进行监督检查。

餐馆开业前对证照办理情况和食品安全情况的评估

自评　　　　　　他评

3. 了解餐饮服务食品安全信息

新办餐饮服务许可证的餐饮服务单位，在餐饮服务许可证颁发之日起，从第3个月开始，在第4个月内，要完成动态等级评定。

"餐饮服务食品安全监督量化分级"是国家食品药品监督管理总局在2012年出台的一个管理措施，目的是及时向社会公示餐饮服务单位食品安全监督量化分级情况，接受社会监督。

评定依据　评定主要依据《餐饮服务许可管理办法》《餐饮服务食品安全监督管理办法》《餐饮服务许可审查规范》《中央厨房许可审查规范》和《餐饮服务食品安全操作规范》，其中后三者是主要依据。

评定项目

评定项目主要包括：许可管理、人员管理、场所环境、设施设备、采购贮存、加工制作、清洗消毒、食品添加剂和检验运输等。

等级划分

餐饮服务食品安全监督量化等级分为动态等级和年度等级。动态等级为监管部门对餐饮服务单位食品安全管理状况每次监督检查结果的评价。动态等级分为优秀、良好、一般三个等级，分别用大笑、微笑和平脸三种卡通形象表示。年度等级为监管部门对餐饮服务单位食品安全管理状况过去12个月间监督检查结果的综合评价，年度等级分为优秀、良好、一般三个等级，分别用A、B、C三个字母表示。

动态等级评定标准

餐饮服务食品安全监督动态等级评定，由监督人员按照餐饮服务食品安全监督动态等级评定表进行现场监督检查并评分。评定总分除以检查项目数的所得，为动态等级评定分数。检查项目和检查内容可合理缺项。评定分数为9.0分及以上为优秀；评定分数在8.9分至7.5分之间为良好；评定分数在7.4分至6.0分之间为一般。评定分数在6.0分以下，或2项以上（含2项）关键项不符合要求的，不评定动态等级。

年度等级评定标准

餐饮服务食品安全监督年度等级评定，由监督人员根据餐饮服务单位过去12个月期间的动态等级评定结果进行综合判定。年度平均分在9.0分以上（含9.0分）为优秀；年度平均分在8.9分至7.5分（含7.5分）之间为良好；年度平均分在7.4分至6.0分（含6.0分）之间为一般。分别用A、B、C三个字母表示。

预测餐馆开业几个月后"安全信息公示栏"动态评级情况

自评　　　　他评

■（二）开业前广告宣传物料的选择与准备

1. 宣传物料准备三要素

时 间	品 质	成 本

宣传物料的设计和制作都是有一定的时间要求的，比如餐馆开业宣传物料的设计和制作在餐馆开业前一周就要全部完成并运送到位。	宣传物料的品质要素，首先是创意构思和呈现要有品质；其次是物料的选材要保证质量；再次是印刷和制作的色彩和精度要保证效果。	宣传物料的成本要素，主要是指投入和产出比。开业宣传物料投放一定要能吸引客流、促进营收。投入固定，产出越大越好；产出固定，投入越小越好。

2. 广告宣传物料选择　确定了开业前的广告宣传物料后，委托专业人士和专业机构进行创意、设计和制作。

（请根据计划开餐馆的实际情况，在以下所列开业宣传物料中，选择适合的选项打"√"）

□ 背胶喷画（数量：　　　）　□ X 展架（数量：　　　）　□ 易拉宝（数量：　　　）

□ 门式展架（数量：　　　）　□ 拉 网 架（数量：　　　）　□ 太阳伞（数量：　　　）

□ 海　报（数量：　　　）　□ 水　牌（数量：　　　）　□ 帐　篷（数量：　　　）

□ 广 告 衫（数量：　　　）　□ 吹气模型（数量：　　　）　□ 堆头箱（数量：　　　）

□ 单　张（数量：　　　）　□ 折　页（数量：　　　）　□ 宣传册（数量：　　　）

□ 跳 跳 卡（数量：　　　）　□ 产品样挂（数量：　　　）　□ 展　装（数量：　　　）

□ 报纸广告（数量：　　　）　□ DM直邮（数量：　　　）　□ 展　板（数量：　　　）

□ 围墙包装（数量：　　　）　□ 吊　旗（数量：　　　）　□ 户外牌（数量：　　　）

□ 户 内 牌（数量：　　　）　□ 广告灯箱（数量：　　　）　□ 贺　卡（数量：　　　）

□ 电梯看板（数量：　　　）　□ 公交车体（数量：　　　）　□ 请　柬（数量：　　　）

3. 广告宣传物料设计中好的创意和视觉呈现是关键

什么是 创意?

创意就是产生具有新颖性和创造性的想法,通过适合的形式和载体将其表现出来,使其更容易为人所理解、接受和喜爱。

餐馆开业前物料准备情况评估

自评　　　他评

■（三）开业前宣传工作要点

在所有前期工作都准备就绪后，创业者应该着手做好开业前的宣传工作，制订好各种预案，避免开业时遇到突发情况而措手不及。以下是开业前宣传工作要点：

1. 利用媒体进行公关宣传	2. 利用餐馆进行广告宣传	3. 利用宣传折页进行宣传

利用多种媒体，特别是数字化新媒体和微信等自媒体做开业前宣传：事先设计好宣传内容，包括餐馆名称、地址、经营风味、产品特色等，编写出创意独特、文字简洁、易听易记的宣传语或广告词。

媒体公关宣传一般在餐馆正式开业前一个月进行。

在餐馆正式开业前一个月，完成餐馆门脸装修、门店广告牌制作、大型灯箱设计制作和门店量化处理等广告宣传，餐馆以独具特色的门店环境和亮化、美化的宣传效果引起来往人群和社会各界人士的关注，树立餐馆在区域和点位市场的知名度，在一定程度上吸引目标消费群。

在餐馆开业前5—10天，根据菜单设计和菜品设计结果，将餐馆美观大方的就餐环境、特色菜品、餐馆简介、开业时间、开业优惠、优惠期限等印制成编排合理、图文并茂的宣传折页或宣传小册，散发到区域和点位市场的潜在消费群手中。

餐馆开业前宣传工作的评估

自评	他评

二、餐馆试营业

（一）试营业的前提条件
试营业是合法经营的一种，一定要避免无证开业或缺证开业。

所有开业前的人、财、物准备都已经到位，营业证照和手续齐全。

营业执照	餐饮服务许可证	环保审批
消防手续	健康证	税务登记证

（二）为什么要试营业？
试营业在各行各业都普遍存在，而餐饮行业更需要试营业。

1. 试营业是一个缓冲期

若餐馆试营业期间有什么地方出了小问题，令顾客不满意，可以拿试营业作为一种缓冲给客户解释，如说："真不好意思，我们现在试营业期间，有什么让您不满意的地方，还请多多包涵。"这样，顾客通常会接受。因为每个人都对第一次犯错的人比较宽容，能够理解、接受这样的错误。

2. 试营业是一个优化期

餐馆刚开业时，因为经验不充足或者对环境不熟，会有一些做得没那么好的地方。试营业就是告诉顾客，我们还在测试阶段，有什么不满意的，我们可以改进、进行调整。餐馆可以通过这个过程，不断优化和改进。

3. 试营业是一个磨合过程

餐馆经过试营业，才能知道餐馆是否符合定位，餐馆菜品是否适合市场、是否受目标消费者喜欢，口感是大众化还是比较与众不同。这个知道的过程就是餐馆与市场间磨合的时期。过了这个磨合期，餐馆才能更好地融入市场。如果没有经过试营业，而直接选择正式营业，出现不好的情况时，回旋空间比较小。

■（三）试营业操作要点

1. 要与宣传预热相衔接

宣传是开业之前必须做的事情。开业前的宣传可以是在试营业期间的优惠活动、线下的发传单或是线上的自媒体公众号推广，这些不但能给试营业带来一定的效果，更能在餐馆正式营业前积累客流。

2. 试外和试内相匹配

试营业的首要目的是向周围的消费者展示自己，传达本餐馆已经可以进行消费的信息，让消费者知道这个店面。试营业就是外试市场、内试顾客的一个匹配过程，既是一个把对餐馆经营的理论认知转换为实践的过程，也是一个餐馆的验收过程。

3. 试营业时长要恰当

试营业对餐馆而言是一个试探性开张的过程，试营业时间一般控制在8—12天，要确保试营业包含1—2个周末。周末通常是用餐高峰期，在人流量大的前提下，两周就可以看出问题。试营业时间太长对一般餐馆而言没有太大意义，特殊情况除外。

4. 选择性采纳顾客意见

餐馆之所以要做试营业，很大的一个原因就是看市场与顾客对餐馆满不满意。在这个过程中通常要选择性听取顾客的意见来进行合理改善。因为众口难调，顾客的意见不必样样遵循，也不可样样不听，听取大多数顾客共同的意见即可。

5. 出现问题时重在解决

餐馆经营离不开员工，试营业时发现有出错的地方，不要太过于追究事件责任，这样既浪费时间也容易影响工作氛围。为什么要试营业？就是因为餐馆各方面机制不太完善，其中也包括员工的不熟练等问题。遇到差错，应该想的是如何进行弥补与改善。

6. 做好总结，不碰底线

在试营业期间，餐馆还要做的另一项重要工作就是调整员工队伍，建立和完善各项规章制度、完善管理体系设置、做好授权工作。另外，做好试营业总结非常重要。要严守底线，试营业不能违规、违法经营；也不能过度打折，否则一旦恢复菜价很容易流失顾客。

餐馆试营业计划操作过程评估

自评	他评

三、餐馆正式营业

（一）餐馆开业、试营业、正式营业有什么区别?

餐馆开业包括试营业和正式营业

试营业

● 从守法、合规经营的层面上讲，餐馆的试营业和正式营业没有任何区别。

● 试营业就好比新手开车，在车后贴个牌子：新手上路，请多包涵。

正式营业

● 如果说试营业和正式营业还是有点区别的话，那就是正式营业前要举办开业仪式，而试营业是没有开业仪式的（挂个试营业的牌子或在水牌上写着试营业）。

通常讲的开业实际上就是正式营业，餐馆的正式营业一般都要举办开业仪式。

（二）餐馆开业与开业仪式

餐馆开业

餐馆开业是餐馆经过一番筹备，具备经营活动场所等必备条件，并取得工商行政管理部门、食品药品监督管理部门和消防等部门许可后，开始从事经营的第一个工作日。也可把举行开业典礼的那一天定为正式开业（之前的经营活动叫试营业）。

餐馆开业仪式

餐馆开业仪式是指在正式经营之时，为了表示纪念或庆贺，餐馆按照一定的程序举行的礼仪活动。这种礼仪活动既可以为自己庆贺，又可以引起社会各界的关注，提高自己的知名度，因此受到商家的重视。

餐馆正式营业前的准备工作评估

自评	他评

■（三）餐馆开业仪式前要做的准备工作

1. 做好宣传工作

餐馆举行开业仪式前，可以利用多种媒体发布广告和开业信息，也可派人在公众场合发宣传品，造成一定的声势，引起公众的广泛关注。

公关活动及宣传广告等活动宜安排在开业仪式前3—5天进行，最多不过一周，过早和过迟都难以收到良好效果。

有条件的餐馆还可以提前向媒体记者发出邀请，届时现场采访、报道，以便于进一步扩大影响。

2. 拟出宾客等人员名单

拟邀请的参加餐馆开业仪式嘉宾包括：政府相关部门领导、社区负责人、企业合作伙伴、社会知名人士、客户代表、媒体记者、行业代表等。开业仪式筹备组应在餐馆开业仪式前7—10天给拟邀请的嘉宾发出邀请函。

除以上嘉宾名单外，还要拟定员工代表、服务人员名单。同时发动员工邀请自己的亲朋好友在开业典礼之日来到现场，享受优惠、领取礼品等。

3. 布置开业仪式现场

开业仪式的现场一般选在餐馆的正前门。现场布置要突出喜庆、隆重的气氛，标语彩旗、横幅、气球大多必备。有条件的餐馆还可以准备鼓乐、飞鸽等加以烘托渲染。布置开业仪式现场要点如下：

（1）开业仪式现场布置的主横幅应有"******隆重开业"等字样；现场需有摆放来宾赠礼的位置，如花蓝、花牌等。

（2）遵守所在城市管理规定，在不允许放鞭炮的城市里，开业仪式时应自觉不鸣放或改用环保型电子鞭炮。

（3）音响或鼓乐声在节奏上和音量上要加以控制，不可因此引起邻里的反感及社区群众的投诉。

（4）预测开业仪式的场面规模，若可能会妨碍交通正常运转，应约请交通部门来人协调指挥。

4. 具体事项不能忽视

在餐馆开业仪式准备工作中，大方面落实后，还有不少具体事务要处理，各方面分工到位后应认真落实，不可忽视。任何一个环节的具体工作出了差错，都可能会影响到开业仪式的整体效果。餐馆开业仪式具体事项包括：

（1）请柬的准备和发送必须落实到被邀请人，并要收到确切的回复。主要客人在开业仪式举行前一天还应派专人打电话确认。

（2）开业仪式贺词的撰写、讨论和审定要慎重，字体要大，内容要简练，话语要热情。

（3）现场接待人员应年轻、精干且形象要好，佩戴的标志（工作证、礼仪带等）要突出，贵宾到场时应由仪式方主要负责人亲自相迎。

（4）来宾的胸花、桌卡、饮品、礼物等都要提前准备好，不可临场出错。

■（四）餐馆开业仪式具体程序

1.嘉宾到位

礼仪小姐迎宾，参加餐馆开业仪式的主持人、剪彩人、重要嘉宾依次到位。

2.入场、奏乐

参加餐馆开业仪式的所有人员入场，开始奏乐。有条件的餐馆可安排乐队现场奏乐。

3.仪式开始

主持者宣布开业仪式开始，宣读主要来宾的名单，介绍开业仪式流程和活动安排。

4.代表致辞

特邀领导和各界代表致辞。

5.揭幕或剪彩

（1）主持人宣布揭幕或剪彩人的领导或来宾的名单。

➡ （2）揭幕方法：揭幕人走到彩幕前恭立，礼仪小姐双手将开启彩幕的彩索递给对方，揭幕人目视彩幕，双手拉动彩索，使之顺利开启。

➡ （3）全场人员目视彩幕，一起鼓掌、奏乐。主持人宣布开业仪式结束。

对餐馆开业仪式的具体安排进行评估

自评	他评

粤菜创业第十步

餐饮日常经营管理要点与管理循环

6—8学时

一、经营是管理的前提

本书第九步讲完了餐馆开业，第十步才是餐馆真正的开始，一家餐馆要走得更远，要持续地发展壮大，正确的经营和有效的管理是必要条件。经营是管理的前提，管理是经营的保障。因篇幅有限，本书第十步涉及经营管理的内容只能抛砖引玉，有意识地引导树立一些基本的经营管理观，埋下一颗经营管理的种子，有了适当的时间、适当的土壤、适当的温度，它就会发芽和成长。

（一）确保餐馆经营平衡点是持续经营的关键要素

餐馆经营平衡点 = 固定成本 ÷ ［（销售收入 − 变动成本）÷ 销售收入］

固定成本	变动成本
固定成本是指在一定时期和一定经营条件下，不随餐饮产品生产的销量变化而变化的那部分成本。在餐饮成本构成中，劳动工资、折旧费用、还本付息费用、管理费用等在一定时期内和一定经营条件下是相对稳定的，所以称为固定成本。	变动成本是指一定时期和一定经营条件下，随着餐饮产品生产和销售量变化而变化的那部分成本。在餐饮成本构成中，食品原材料、水电、燃料、洗涤费用等总是随着产品的销量而变化，所以称为变动成本。

（二）利润表反映餐馆在一定期间内的经营成果

利润表

编制单位：　　　　　　　　　　　　　　　　　　　　　　　　　时间：　　年　　月

项　目	行次	本月数	本月累计数	项　目	行次	本月数	本月累计数
一、主营业务收入	1			三、营业利润	10		
减：主营业务成本	2			加：投资收益	11		
减：营业费用	3			加：补贴收入	12		
减：主营业务税金及附加	4			加：营业外收入	13		
二、主营业务利润	5			减：营业外支出	14		
加：其他业务利润	6			加：以前年度损益调整	15		
减：管理费用	7			四、利润总额	16		
减：财务费用	8			减：所得税	17		
减：其他费用	9			五、净利润	18		

单位负责人：　　　　　　财会负责人：　　　　　　复核：　　　　　　制表：

利润＝总收入−总支出

■ （三）经营一定要先有目标

1.确定经营目标

经营一定要有目标，目标的特征：（1）清晰；（2）可以衡量；（3）有一定挑战；（4）可实现；（5）有时间限定。制订经营目标数字不能过高，也不能过低。过低则完成了轻飘飘没有成就感，太高了则明知完不成，干脆不完成。要跳一跳能完成的才叫目标。

2.掌握管理方法

管理是不分对错的，只分有效果和没有效果。管理时用什么方法是一定要看对象的，比如用管理教授的方法去管理民工，民工都不用干活了；用管理民工的方法去管理教授，教授们都会反对。

3.达成利益共识

一个团队的执行力大小首先要看有多少人达成了共识。高层要先达成使命共识，中层要先达成事业共识，基层要先达成利益共识。一名基层员工进来一定要先和他谈好钱，如果对基层员工只谈梦想不谈钱，那只能是海市蜃楼。

4.提升员工素质

工作自己找，不要等指派；工作积极，抢先抢先再抢先，不要消极被动，谋定而后动，有长久的谋略等，这些都是员工高素质的表现。员工素质提高了，发现问题就会想方设法主动解决，不断提升工作效率和业绩。

5.落实考核指标

什么样的人会重视绩效考核？答案是从绩效考核当中得到好处的人。只有将好处和利益给到对方，你的事情才和他相关。绩效考核不是惩罚做错事的人，是惩罚不做事的人。要将能人变得可靠、懒人变得勤快、庸才变得有用。

■ （四）经营是一种变物之道

1.善变结构者：点石成金

善变结构者　点石成金

石墨和金刚石都属于碳单质，化学性质是完成相同的，但不同的物理结构导致了其完全不同的特征和用途。

2.善变成分者：去粗取精

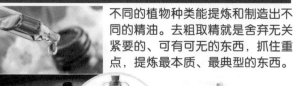

不同的植物种类能提炼和制造出不同的精油。去粗取精就是舍弃无关紧要的、可有可无的东西，抓住重点，提炼最本质、最典型的东西。

3.善变效能者：人尽其才、物尽其用、器尽其能

（1）人尽其才

从一定角度来讲，这个世界上没有垃圾，只有放错了地方的东西。

人才也是这样，用对了就是人才，用不对就是废品。战国孟尝君门下"鸡鸣狗盗"关键时候发挥作用的故事就是明证。

（2）物尽其用

空调和冰箱在通电正常使用状态下都有制冷的作用，但不能把空调当冰箱来用，也不能把冰箱当空调用。

不同物品有不同特性，在使用的时候要发挥其最大的作用和效果。

（3）器尽其能

工欲善其事，必先利其器，器欲尽其能，必先得其法。

开飞机、开汽车、开轮船和骑自行车的方法都是不一样的，只有器和法匹配，才能器尽其能。

■（五）餐馆制订营销方案三要素

1. 引入客流

从装修、色彩、灯光、菜单、餐桌、绿植、店头灯箱广告等方面要有一些创新元素，能够吸引路过人流和目标消费者的注意，产生入店了解的新鲜感。

和附近人流量大的超市、影院合作，相互给予优惠。

利用互联网、自媒体、网红营销等多种方式，多方位、多渠道地宣传和引入客流。

2. 留住客人

客流引入后，对消费满一定价格的顾客，或者是充值会员卡的顾客给予优惠，并赠送一些印有餐馆地址、LOGO、订餐电话的小礼品，比如消费满一定金额送奶茶、下雨天送雨伞，或者送店里的一些特色食材等，点点滴滴的温馨细节，可以留住客人的心。

3. 锁定客人

一家成功经营的餐馆要有60%左右的新顾客，30%左右的回头客，更要有10%左右的VIP顾客。VIP顾客不仅消费额高、消费频率高而且忠诚度高。锁定客人就是要想方设法锁定10%的VIP顾客。

对于VIP顾客，菜品特色和品质是基本，时时有些小创意能让客人有点惊喜，也可以给VIP客人的家庭提供特别服务，比如特别的日子可以特约厨师到家里做餐饭菜等。

对餐馆经营中制订的营销方案是否具体有效进行评估

| 自评 | 他评 |

■（六）经营企业四大关注要点

1. 顾客价值

顾客价值是一种以顾客为中心的思维方式：顾客的需求和偏好是什么？我们用什么方式来满足这些需求和偏好？最适合这种方式的产品和服务是什么？

顾客和企业共同创造企业的价值。

2. 经营成本

企业经营追求的是有竞争力的合理成本，而不是追求最低成本。优秀企业的成本优势，有的源于企业的时间效率和管理效率，有的源于员工智慧的发挥。企业成本的流程成本和沉没成本常被初创型企业忽视，具有竞争力的成本的第一个来源就是产品与服务符合顾客的期望。

3. 规模效应

规模的本质是竞争，而不是顾客。在企业经营上，有三个评判标准：顾客满意度、员工满意度和现金流。规模必须是有效的，而不是最大的。企业追求规模是为了有效地获得成本优势和市场影响力，而不是规模本身。

4. 企业盈利

盈利是企业的根本，如果一个企业源头是没钱的，尾部是花钱的，那这个企业经营是不可持续的。

企业既要承担起社会期望的价值，又要具有人性关怀的盈利。企业赚钱的目的，需要解决与顾客的关系、与企业发展的关系。

结合实际情况对经营企业四大关注要点进行评估

自评	他评

■ 二、管理意识与方法

■ （一）管理必须涉及的三件事

管理是管理人、事、钱之间关系的一门学问

1. 人

处理人的事情一定要先树立一个目标，并明晰达成了会得到什么，达不成会失去什么。统一了目标，就统一了人心，人心齐则泰山移。团队要找价值观一致的人，价值观不一致的人彼此是看不懂的，必然内耗大。

2. 事

人选对了，事才能做得对；对的人心情好了，事情才能做得好。为任务而做事还是为好的结果而做事，这两者是有天壤之别的。事与事之间都是有关联的，一个人最有价值的地方不在于知道多少，而在于能做到多少。

3. 钱

钱与人和事是紧密联系在一起的，和人紧密关联的钱其实是相关于人的心情的，人拿钱拿得开心，做事的心情自然就好，效率就高，能更主动、更贴心地服务顾客，形成业绩的良性循环。钱能生钱，也能损钱，钱能产生正能量，也能产生负能量，关键在于如何处理好钱与钱之间的关系。

■ （二）管理三怕

1. 管理怕假

管理明一套、暗一套，当面一套、背后一套，颠倒黑白、粉饰太平，为了迎合上级或应付下级而讲话连篇等都是管理假的表现，其中最典型的就是说话不算数，如果管理者说的话都没人相信，那管理已没有任何价值。

2. 管理怕大

管理怕吹牛皮、讲大话。管理幅度过大，可能鞭长莫及，管理层次太多，可能会影响效率，产生动作迟缓、推诿责任的情况。所以，管理一定要注意"大"的边界。

3. 管理怕空

管理怕滑空、踩空、踏空、浮空，管理者也忌空许诺。管理总结的时候要有详实的数据和事例，要把关键点和细节落到实处。

■ （三）管理三宗罪

1. 暗箱操作

管理一旦藏有私心，就会失去公正，甚至违法犯罪也要利用职权为自己谋私利。暗箱操作，实际上就是私下做见不得光的东西，暗箱操作是管理失误的开端，是一切管理腐败的温床。

2. 抢功劳

抢功劳不仅是一个人的人品问题，更是一个管理问题。在管理机制完善、领导能力强的机构中，员工的责、权、利得到了有效细分，抢功现象就不大容易频繁发生。管理职责界限模糊，抢功劳的事就容易发生。

3. 推责任

不愿意承认错误的管理者，往往会变成总是推卸责任的人，即将自己失败的责任推到下属或别人身上。经常推卸责任的管理者伤人干劲、伤人心，更留不住人才。

■ （四）管理必须抓的三件事

1. 开源节流

营收是生命之母，浪费是利润之殇。餐馆做好菜品特色，保证菜品品质，制订和实施有创新性、有效的营销方案，向外积极开拓客源并留住和锁定忠诚顾客，向内在餐馆员工中树立自觉节约的意识，在每个环节降低损耗。

2. 人才增值

企业要留住人才，更要激励人才创造增值。人才不增值，迟早会变为成本。人才增值要建立在企业内部有清晰和有效流程的基础上，若每个员工都清晰地知道自己在岗位上要做的事情，只是能力还不能完全驾驭，这时就要对员工进行培训，这个过程既有员工技能的提升，也有企业人才的增值。

3. 挖掘人效

在企业里，人手多但效率低是一种大的浪费。每个员工都有潜力，好的机制才能盘活人才提升人效。管理有一个邦尼定律：一个人一分钟可以挖一个坑，六十个人一秒钟却挖不了一个坑。挖掘人效要流程、文化和制度同时作用：流程促使人人都会做，文化促使人人都想做，制度促使人人都按要求做。

■（五）利用人性的弱点，让管理更有效果

1. 七个铃铛酒店

七个铃铛酒店新店开张，门头上挂了六个大铃铛，经常有一些路过但本来不打算进酒店的人，都忍不住进店指出酒店铃铛少挂了一个，这样人来人往，酒店的生意就兴旺起来了。

故事思考
"七个铃铛酒店"这个故事从哪个角度展示了人性？你将如何利用这个人性特点去推广项目和产品？

2. 两则寻伞广告

广告一：上星期六下午于山第街广场遗失彩色大绸油伞一把，如有爱心人士拾得，烦请送至萝卜街七号，有酬谢。

广告二：上星期六下午有人曾见一人从山第街广场取走雨伞一把，请取伞者将伞送回萝卜街七号为安。此人为谁，有摄像头录像为证。

故事思考
第一则广告打出去后会有什么结果？第二则广告打出去后会有什么结果？分别揭示了什么人性？如何利用这些去推广项目和产品？

3. 饭店的生意

饭店老板的父亲不赞成自己的儿子开饭店，却主动要求到饭店去管店，每次上菜上饭时都故意给客人多盛一些，期望饭店早日关门，不想饭店生意越来越红火。老板的父亲看到生意很好，就支持儿子开饭店了。为了帮儿子多赚一些，每次上菜、上饭时都故意给客人少盛一些，期望饭店越赚越多，不想饭店生意越来越差，最后关门倒闭了。

故事思考
为什么父亲的拆台心态带来了生意兴隆，而建台的心态却导致了门店的关门？如何利用这些人性特点去推广项目和产品？

■（六）避开创业管理的18个"坑"

1 目标不现实
2 战略不清晰
3 组织不健全
4 结构不合理
5 职能不清晰
6 责任不明确
7 人员不到位
8 薪酬不给力
9 奖罚不对称
10 轻重分不清
11 制度不重视
12 流程难执行
13 检查不到位
14 标准不统一
15 相互不合作
16 文化不务实
17 培训跟不上
18 考核不适当

结合实际情况对创业管理可能出现的误区进行评估

| 自评 | 他评 |

■ 三、管理循环与执行力

■ （一）PDCA管理循环（戴明环）

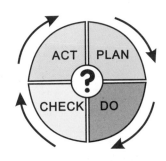

PDCA管理循环最早由美国质量统计控制之父Shewhart（休哈特）提出的PDS（Plan Do See）演化而来，后由美国质量管理专家戴明改进为PDCA模式，所以又称为"戴明环"。

PDCA管理循环（戴明环）发展到今天已经成为一种管理模式，可以应用在管理的很多方面，而不限于质量管理。

1. Plan计划	2. Do 执行	3. Check 检查	4. Act 处理
计划包括方针和目标的确定，以及活动规划的制订。计划职能由三个部分组成： （1）目标（goal） （2）实施计划（plan） （3）收支预算（budget）	根据已知的信息，设计具体的方法、方案和计划布局；再根据设计和布局，进行具体运作，实现计划中的内容。执行的过程也是方案落地实施的过程。	总结执行计划的结果，分清哪些对了，哪些错了，明确效果，找出问题。在企业和门店管理中，检查还应包含在实施、执行的全过程中。	对检查的结果进行处理，对成功的经验加以肯定，并予以标准化；对失败的教训也要总结，引起重视。对于没有解决的问题，应提交给下一个PDCA循环去解决。

■ （二）PDCA管理循环过程分解与循环上升

PDCA管理循环过程分解

（1）分析现状，发现问题。

（2）分析问题中各种影响因素。

（3）找出造成问题的主要原因。

（4）针对主要原因，提出解决的措施并执行。

（5）检查执行结果是否达到了预定的目标。

（6）把成功的经验总结出来，制定相应的标准。

（7）把没有解决或新出现的问题转入下一个PDCA循环去解决。

ACT PLAN 改进

CHECK DO 新的水平

维持

ACT PLAN 改进

CHECK DO

起始水平

维持

PDCA管理循环上升图

■（三）如何打造团队执行力

从执行力的层面上来说，企业成功=5%的战略+95%的执行，没有执行力，一切都等于空谈。若不解决执行力的问题，即使有再好的资源，也很难形成核心竞争力。执行力之所以重要，是因为执行力是和管理力、领导力紧密联系在一起的。打造团队执行力要根据团队实际情况，无论用何种方式，都离不开以下七大要素：

1.分工合理

根据团队成员的特长、能力和意愿进行分工配合。有人擅长谋略，有人擅长沟通，有人擅长技术，每个人只有在做自己认同和热爱的事情时才能产生持续激情和进发巨大能量。

2.责任清晰

团队和企业里经常看到这样的情况：发现问题的人抱怨、制造问题的人推诿、解决问题的人居功自傲。这种情况往往是工作职责界定不清晰造成的，团队成员责任清晰是团队执行力的基础。

3.目标明确

看见目标就能减少障碍，团队的目标越明确，人心容易凝聚。一个有坚定目标的团队是不会朝令夕改的，一个有坚定目标的团队成员既经得起诱惑也受得起折腾，团队执行力当然出色。

4.方法正确

当团队确定了正确的方向时，接下来最重要的就是把事情做对，因此方法正确才能更好地把事情做对。当团队遇到问题时，选择正确的方法处理问题，会取得事半功倍的效果。

5.跟踪指导

跟踪指导的过程就是检查、修正和优化的过程。团队在执行的过程中存在着一个误区：只看结果，不问过程。但如果不关注过程，很可能导致执行中动作变形，过程中不检查很可能看不到结果。

6.奖罚分明

对团队而言，如果奖一人可以振千军，倾尽所有都要奖；罚一人可以平民愤，天王老子都要罚。奖要奖到心花怒放，罚要罚到胆战心惊。一个奖罚分明的团队一定是纪律严明的。

7.制度保障

一个企业、一个团队要持续发展壮大，内部有十个环节必须层层分明、环环相扣，不能错位：（1）梦想；（2）目标；（3）战略；（4）结构；（5）流程；（6）标准；（7）制度；（8）奖罚；（9）检查；（10）结果。从这十个环节可以清晰看到，要对工作进行检查必须先有制度，制订制度之前必须先建立工作标准，没有制度保障是做不到奖惩分明的，自然难有好结果。

结合实际情况对所在团队的执行力进行评估

| 自评 | 他评 |

■（四）如何打造个人执行力

所谓能力，就是体现出来能让人看见结果的那个东西。凡事必须有一个结果，如果一个人说自己销售能力很强，但没有出色的业绩去支撑，是无法取信于人的。一个说自己诚实守诺，但每次说的话都不践行，自然就是一个不靠谱的人。个人执行力的强弱可以从以下十二个方面去打造：

1. 自制力

在适合的时间，说适合的话，做适合的事，这是一种职业素养，也是自制力强的一种表现。不在工作时间当中玩手机，不把个人感情的一些负面情绪带到工作当中去，这是自制力强的具体表现。

2. 工作能力

工作是分行业、分职业、分岗位的，个人的工作能力也是和具体的行业、职业、岗位联系在一起的。作为厨师，做出一流品质、口感和造型的菜品，就是一种非常强的工作能力。

3. 情绪控制能力

冲动是魔鬼，情绪控制能力既属于情商范畴，也是个人执行力的一个参考指标。个人做的每一件事情都是同他人相关的，需要与人沟通、与他人配合，良好的情绪控制能力能够善用"合力"的力量。

4. 专注力

在一定时间内专注做一件事情，肯定比同时做几件事容易出成果。个人专注力就如同一件电钻头，钻头越尖硬，电钻动力越强，目标越明确，越容易实现想要的结果。专注才能全力以赴呈现最佳状态。

5. 行动力

一个人最有价值的地方不在于知道多少，而在于能做到多少。什么都知道却什么都做不到，恰恰是缺乏执行力的表现，只有行动才能出结果，只有结果才能证明价值。

6. 计划能力

凡是管理必须有计划，凡是计划必须有责任，凡是责任必须有结果，凡是结果必须有检查，凡是检查必须有奖罚。有计划方可称为有管理，计划能力也是个人执行力一个很重要的指标。

7. 组织能力

一个人可以走得更快，但一群人可能可以走得更远。当面对一群人组成的团队的时候，就需要有组织结构、有团队成员分工、有协作配合的机制。组织能力是管理能力的一种，也是一种重要的执行力。

8. 时间管理能力

在时间管理的四个象限中，最容易让人忽略的是"重要但不紧急"的事情，但把自己的大部分时间放在"重要但不紧急"的事情上最能出成果。几年之后，再回头看看，会发现硕果累累。

9. 目标实现力

目标实现力即实现目标的能力，这是个人执行力当中最有价值的一个能力。要在一定格局的基础上制订有一定难度但"跳一跳"能够实现的目标，想方设法去完成，日积月累，实现目标的能力会越来越强。

10. 灵活性

原则性要和灵活性相结合，这是系统化思维的一个特征，原则性和灵活性之间存在着一定的辩证关系。我们常说的"一题多解、一事多写""看似路已经走到尽头，其实是提醒你要拐弯了"就是灵活性。

11. 观察能力

对行业、对市场、对顾客、对员工有敏锐的观察能力，就能够感知需求，把握趋势。对人性的洞察是含金量极高的一种能力，乔布斯就是通过对人性深刻的洞察，挖掘用户需求而设计出体验感一流的产品的。

12. 抗压能力

在油田流传着这样一句话："井无压力不出油，人无压力轻飘飘。"团队建设中也有"果汁是榨出来的，人是逼出来的"的说法。高压锅的食物快熟就是因为压力，百折不挠的抗压能力是一种优秀的执行力。

创业课程要与行业相结合才能焕发生命力

广东岭南职业技术学院行业创业技能培训介绍

创业技能训练跨专业集训营和"2+1"创业综合实操特训营是广东岭南职业技术学院创业型大学建设中的主要特色之一，创业管理学院是创业训练的主导学院，众创空间是创业管理学院的创新创业项目训练基地，也是创新创业系列课程教学实训室。创业技能训练跨专业集训营和"2+1"创业综合实操特训营有四大支柱：团队、项目、导师、创业训练特色教材，具体如下：

（1）关于团队：创业训练必须依托于团队，一个人可能可以走得更快，但一群人可以走得更远，一个人包打天下的日子已经过去了。

（2）关于项目：项目分为模拟创业项目和真实创业项目。创业技能训练跨专业集训营主要用于训练模拟创业的项目团队，"2+1"创业综合实操特训营主要用于训练真实创业的项目团队。

（3）关于导师：创业团队训练必须有创业导师现场指导，每期的创业技能训练跨专业集训营和"2+1"创业综合实操特训营都会有6名导师在现场进入已分好的20个左右的团队，导师对每个环节的指导贯穿全部训练过程。

（4）关于创业训练特色教材：以广东岭南职业技术学院首席创业导师陈宏为首开发的情景式、可视化、全彩色创业训练特色教材是创新创业训练的基石。情景式、可视化的呈现是学生翻转课堂的前提，学生翻转课堂又能将创业理念转换为动作，只有动作化才能进行真正的创业训练，这样的训练才能出成果。特色教材要与行业研究相结合，陈宏老师的《行业创新创业人才培养课程的开发与探索——以粤菜创业为例》被广东省高等职业技术教育研究会列入2019年度一般课题（编号：GDGZ19Y112），课题经费全部自筹。

广东岭南职业技术学院管理工程学院是行业技能训练的践行者

此Logo为陈宏老师设计

1. 管理工程学院LOGO外框是一个六边形，代表着管理工程学院的六个专业：红边（物流管理）、橙边（酒店管理）、黄边（工商企业管理）、绿边（人力资源管理）、蓝边（市场营销）、紫边（中小企业创业与经营）。

2. 管理工程学院LOGO六边形形似管理工程学院G的拼音字母，中间是用殿堂构成的"工"字，寓意构建管理工程的特色。"工"字所在的紫色六角形与中小企业创业与经营的紫色相连，寓意着创新创业是管理工程学院向外展示特色的桥梁。

广东岭南职业技术学院
行业专业技能培训基地

此Logo为陈宏老师设计

作者
致谢

在"粤菜创业10步法"教学实践探索过程中得到广东岭南职业技术学院原创业管理学院张锦喜院长、就业与创业处牛玉清处长、管理工程学院翟树芹院长、许宝利副院长的指导，以及中小企业创业与经营专业教研室主任林青老师的帮助，在此向他们表示衷心感谢！

在《粤菜创业10步法》撰写和设计过程中得到肖自美教授、陈志娟教授、梁铭津女士的关心和支持，在此表示深深的感激！与此同时，对南京大学出版社编辑老师在此书出版过程中的辛勤付出表示衷心的感谢！